刘佳 编著

# 怀孕吃什么宜忌速查

Huaiyun Chi Shenme Yiji Sucha

海峡出版发行集团 | 福建科学技术出版社
THE STRAITS PUBLISHING & DISTRIBUTING GROUP | FUJIAN SCIENCE & TECHNOLOGY PUBLISHING HOUSE

图书在版编目（CIP）数据

怀孕吃什么宜忌速查 / 刘佳编著. —福州：福建科学技术出版社，2016. 4

ISBN 978-7-5335-4937-4

Ⅰ. ①怀… Ⅱ. ①刘… Ⅲ. ①孕妇－妇幼保健－食谱 Ⅳ. ①TS972.164

中国版本图书馆CIP数据核字（2016）第017181号

| | |
|---|---|
| 书　　名 | 怀孕吃什么宜忌速查 |
| 编　　著 | 刘佳 |
| 出版发行 | 海峡出版发行集团<br>福建科学技术出版社 |
| 社　　址 | 福州市东水路76号（邮编350001） |
| 网　　址 | www.fjstp.com |
| 经　　销 | 福建新华发行（集团）有限责任公司 |
| 印　　刷 | 福州华悦印务有限公司 |
| 开　　本 | 700毫米×1000毫米　1/16 |
| 印　　张 | 18 |
| 图　　文 | 288码 |
| 版　　次 | 2016年4月第1版 |
| 印　　次 | 2016年4月第1次印刷 |
| 书　　号 | ISBN 978-7-5335-4937-4 |
| 定　　价 | 36.00元 |

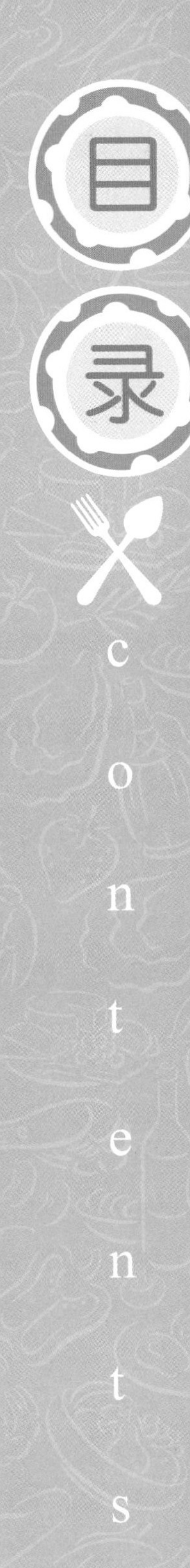
目
录
contents

第二章

## 孕期 所需营养成分及明星食材 / 27

# 准妈妈 应对常见不适饮食宜忌 / 223

# 保证孕期营养均衡，才能好孕优生

每一对夫妻都希望生一个健康活泼、聪明伶俐的宝宝，因此，如何保障宝宝发育健全、头脑聪颖已逐渐成为每个家庭最为关心的问题之一。女性怀孕后，胎宝宝在子宫内的生长发育需要充足的能量和全面的营养，这些能量和营养均来源于母体。如果此时忽视了合理与均衡营养的重要性，必将造成准妈妈营养不均衡，最终影响胎宝宝的健康发育。

因此，女性怀孕期间一定要注意饮食中各种营养元素的均衡摄取，做到既充足全面，又能强健自己的身体、满足胎宝宝的发育需求，让自己孕育的宝宝赢在起跑线上。

## 营养全面，宝宝更健康

专家提示，影响胎宝宝大脑发育的因素有很多，如遗传、环境等，但是营养因素是我们唯一容易控制的。当准妈妈营养不足时，胎宝宝就要吸收母体本身的营养元素，容易出现因母体营养缺乏导致胎宝宝脑细胞数量减少的情况，从而进一步导致宝宝智力发育障碍。这种结果一旦造成，即使在宝宝出生后再补充丰富营养，也是亡羊补牢，难以挽回的。

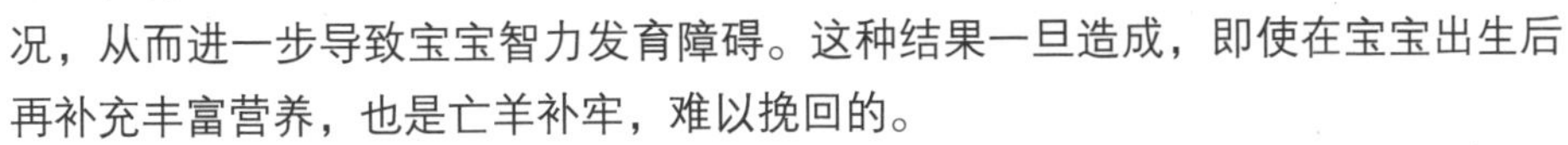

据相关报道，素食准妈妈所生养的宝宝，往往由于维生素$B_{12}$、铁及蛋白质等营养成分缺乏而出现某种程度的脑损害。可见，全面、均衡的营养对于胎儿的大脑发育至关重要。因此，如果想孕育一个健康聪明的宝宝，必须重视准妈妈的营养补充，以满足其自身和胎儿正常发育的需要。

只有准妈妈处于最佳的生理状态，才能为胎儿的生长发育提供良好的条件。

美国著名营养学家说："胎儿的健康与聪明，虽然和遗传有关，但遗传的影响绝对没有营养重要。"

在整个妊娠期，胎宝宝需要源源不断地从母体获得正常生长发育所需的营养。这些营养物质主要包括以下几个方面。

## 热量

小麦

食物是准妈妈妊娠期间的能量之源。在怀孕期间，准妈妈的身体要承受生理变化所带来的巨大能量消耗，因此必须吃好喝好，保持体力，来应付这份额外的能量消耗。在这段时期内，准妈妈每天至少应该增加100～300千卡①的热量。从食物中摄取的蛋白质、脂肪、碳水化合物在人体内氧化后均可产生热量。准妈妈应按照比例均衡进食，日常饮食中蛋白质占15%，脂肪占20%，碳水化合物占65%。按照中国人传统的饮食习惯，热量中的65%来源于粮食类，剩下的35%来源于食用油、动物性食物、蔬菜和水果。

## 蛋白质

蛋白质是构成生命的物质基础之一。胎宝宝的脑细胞分裂、增殖，脑细胞神经纤维的生长、延长等都依赖于蛋白质的合成。充足的蛋白质是满足胎宝宝发育及准妈妈健康所必不可少的物质。准妈妈怀孕期间对蛋白质的需要量会有所增加，据不完全统计，整个孕期准妈妈在体内贮存的蛋白质大约为1千克。如果蛋白质摄入量不足，不仅影响准妈妈的健康及胎宝宝的正常发育，还可能影响胎宝宝大脑以及中枢神经系统的发育，使其脑细胞数目减少从而影响智力发育。

## 脂类

脂类不是一种物质，而是一类物质，主要包括脂肪、磷脂和胆固醇。它们可以通过胎盘的扩散进入胎宝宝体内。其中，脂肪分解后生成游离脂肪酸而进入胎盘；胆固醇可以经胎盘转运至胎体；磷脂经胎盘降解进入胎体。这几类物质对于胎宝宝脑神经细胞和神经系统的发育非常重要。所以，准妈妈饮食中脂类食物是必不可少的。

## 碳水化合物

碳水化合物是大脑细胞的主要能量来源。母体、胎盘及胎宝宝的大脑神经细胞都要通过消耗碳水化合物来获得能量。如果因碳水化合物摄入不足而发生低血糖，准妈妈的身体就会自行进行调整，通过

苹果

①千卡：为了计算方便，本书热量单位用千卡表示，1千卡=4.186千焦。

氧化脂肪和蛋白质来补充血糖。研究表明，通过脂肪氧化来产生能量的过程中会产生一种称为“酮体”的物质，这种物质对于神经系统是有毒性的，容易导致脑细胞生长、发育的障碍，应该避免该物质的产生。也就是说，准妈妈在怀孕期间饿肚子或碳水化合物摄入过少是非常不可取的。

## 矿物质

矿物质包括钙、铁、锌、碘、钾、钠、镁、硒、钾等。

钙和磷是构成人体骨骼和牙齿的主要成分。准妈妈在妊娠过程中摄入的钙一方面要供给自身的需要，另一方面还要供给胎宝宝，促进骨骼和牙齿的生长。准妈妈严重缺钙可导致胎宝宝患先天性佝偻病和新生儿颚骨、牙齿畸形等，准妈妈自己也容易发生骨质疏松等疾病。

铁是制造血红素和肌红蛋白的主要物质，铁的缺乏容易导致准妈妈贫血和胎宝宝生长发育迟缓。碘缺乏易引起准妈妈甲状腺肿大，并影响胎宝宝的身体及智力发育。锌更被誉为胎宝宝生长发育的“生命之花”，它对促进胎宝宝生长、发育有一定的作用。

硒是人体内一些抗氧化酶（谷胱甘肽过氧化物酶）的重要组成部分，如果准妈妈的饮食中缺乏硒元素，可能会引起胎宝宝原发性心肌炎和孕妇围产期心肌炎等。

钾也需要在准妈妈日常的食物中得到补充。怀孕后，准妈妈血钾浓度会有所下降。如果血钾过低，可能会引起乏力、恶心、呕吐、碱中毒等不良反应。

## 维生素

维生素A是胎宝宝正常发育所必需的元素；B族维生素中的维生素$B_1$、维生素$B_2$、维生素$B_6$、烟酸等均以辅酶的形式参与三大营养成分代谢；维生素C对于胎宝宝骨骼、牙齿的正常发育，造血系统的健全和机体抵抗力的增加都有促进作用；维生素D能促进钙吸收，对胎宝宝骨骼、牙齿的形成极为重要。

由此可见，准妈妈在怀孕期间，应主动、有针对性地补充营养，这对孕育、分娩、产后身体的恢复和胎宝宝的生长发育都有非常重要的意义。

## 营养不足危害大

### 体重不足

新生宝宝体重不足是准妈妈孕期营养不良最为直接的表现。研究表明，新生宝宝的体重与准妈妈的营养状况关系非常密切。据国外一项对300名准妈妈所做的营养状况调查显示，其中孕期营养状况良好的准妈妈，新生宝宝的平均体重为3860克，而孕期营养状况不良者，新生宝宝的平均体重仅为2640克。可见，准妈妈孕期营养状况的好坏直接影响到了新生宝宝的体重。

### 容易早产

怀孕后期，胎宝宝对母体的营养需求日益增加，如果准妈妈营养不良，不能完全满足胎宝宝的需求，就比较容易出现早产的现象。临床表明，早产儿由于身体各部分器官尚未发育成熟，死亡率较高。国外研究也表明，胎龄越小、体重越低，死亡率也越高。另外，早产儿即使存活，也多有神经、智力等方面的发育缺陷。因此，防止早产是降低新生儿死亡率和提高新生儿素质的主要措施之一。

### 智力低下

大脑是胎宝宝生长发育最早、最快的一个器官，在妊娠的10个月里，准妈妈的营养好坏直接关系到胎宝宝大脑和神经系统的发育情况。如果母体营养不良，极易导致胎宝宝脑细胞生长发育延缓，直接影响胎宝宝脑组织的成熟过程和智力的发展，造成智力低下。

### 先天畸形

先天畸形是指出生时即存在的形态或结构上的异常。准妈妈在妊娠期间，如果缺乏某种胎宝宝正常发育所必需的特定营养成分就很容易导致新生宝宝先天畸形，严重者甚至会造成流产、死胎等。如孕早期叶酸或锌缺乏，就可引起胎宝宝器官形成障碍，导致神经管畸形。铁的缺乏也容易导致胎宝宝出现某种程度的脑损伤以及神经组织出现畸形等。

## 孕期营养均衡，孕妇更健康

由于自身的身体变化和胎宝宝生长发育的需求，准妈妈往往胃口大开、饭量大增。很多人认为，怀孕期间不宜吃太多，否则会直接影响到分娩。而产后多吃些营养丰富的食物，有利于产妇的身体恢复和新生宝宝的哺乳。这样的观念极易导致准妈妈营养得不到合理的补充。

实际上，从准备怀孕开始到哺乳期终止，整个阶段都要保证足够的营养供给。因为在这一时期，准妈妈体内的物质代谢和各个器官系统都会发生很多适应性的生理变化，这些生理变化都需要充足的营养。

### 体重增加

准妈妈怀孕后的生理变化很大，而体重上的变化是最直观的。准妈妈整个孕期的体重会比孕前增加10～20千克左右，包括准妈妈本身的体重变化和腹中胎宝宝的身重增长。

### 胎盘的生长和发育

受孕后受精卵为了能在子宫壁上顺利着床，表面会长出微细的指状突起，称为“绒膜绒毛”，这些绒膜绒毛会逐渐发育成胎盘，以给胎宝宝提供各种营养、氧气并排泄废物。胎盘的发育速度很快，一般在妊娠3个月内就可发育成一个很有效的“化工厂”，并不断分泌雌激素和孕激素，以保证生殖器官的健康、胎宝宝的正常发育及为泌乳作准备。

### 子宫增大

为了容纳日益成长的胎宝宝、胎盘及其周围的羊水，子宫的内部容积逐渐增大。一般而言，胎宝宝足月时，子宫的容积会增大1000倍左右；怀孕3个月后，子宫就会超出盆腔升入腹腔。一般从怀孕初期到临盆前，子宫的重量会增加20倍左右，即从原来的70克增加至1100克左右。

### 血液增加

据研究统计，准妈妈从怀孕第10周开始，血容量逐渐增加，至妊娠32～34周达到高峰，血容量增加40%～45%，约为1450毫升，从此时直至分娩，血容量水平保持稳定。血液的液体部分（血浆）的增加比红细胞的增加在比例上要大得多，并形成血液稀释。

### 牙齿缺钙

准妈妈在怀孕期间会大量分泌妊娠激素，这将使得牙齿边缘变得松脆，易受感染。另外，胎宝宝发育也需要大量的钙，准妈妈的牙齿极易因缺钙而变差。因此，妊娠期要注意补充富含钙和各种维生素的食物，并减少食用含糖分高的食物，以防止牙齿、牙龈的病变。

### 乳房膨胀

受孕后，准妈妈会逐渐开始感觉到乳房肿胀，甚至有些疼痛，触之有坚实感，偶尔压挤乳头还会有黏稠淡黄的初乳产生；进入妊娠第2个月，准妈妈的大部分输乳管开始发育，乳房逐渐膨胀起来，十分柔软，并且由于乳腺的肥大，乳房会长出类似肿块的东西；接着，乳房皮肤下的血管会变得明显突出，乳头也会渐渐变大，乳晕颜色由于色素沉淀的增加而日益加深，乳头突出较为显著。

### 心脏、肺脏、肾脏负担加重

由于体内有更多的血液流动，心脏首当其冲需要承担更多的工作量；其次，肺脏需要更好地向增加的血液提供氧气，加之胎宝宝生长需要更多的氧气，准妈妈的呼吸频率会变得比正常人稍快；由于血容量的增加，肾的负担也会增大，它必须比以前清除更多诸如尿素和尿酸等体内废物。

### 阴道扩张

妊娠期间，阴道组织也会发生变化。由于增生及供血增加，阴道黏膜变得肥厚充血，阴道壁组织松软，伸展性加强，阴道更容易扩张，肌肉细胞增大，以备分娩。

### 其他影响

除了以上提到的一些变化之外，准妈妈在皮肤、关节、头发、指甲等方面也都会出现不同程度的变化，这些变化都必须有相应的食物为其提供能量。

虽然上述都属于生理性改变，但是这些变化都增加了身体的消耗，如果不注意及时补充营养，就容易造成准妈妈体内营养缺乏。

如果准妈妈饮食中缺少铁，可造成缺铁性贫血，若发展成重度贫血则会导致体质虚弱而引起临产时子宫收缩无力，不利于生产；缺乏钙和维生素D会引起手足抽搐和痉挛等症，严重缺乏会引起骨质软化；缺乏维生素C会引起齿龈肿胀、出血等；缺乏蛋白质会引起营养性水肿等。在营养缺乏的准妈妈中，妊娠高血压综合征的发病率也会大大提高。因此，重视孕期的营养，有助于保证胎宝宝的正常生长发育，是宝宝一生健康的基础。尽管准妈妈每天需要补充大量的营养，但不要以为吃得多、吃得好就足够了，还应讲究平衡膳食和科学搭配。准妈妈只有根据自身的变化和胎宝宝生长发育的需要，科学合理地安排膳食才是最正确的。

## 孕产期营养不良，产妇体质会变弱

### 缺铁性贫血

孕期，一方面，准妈妈体内的血浆容量增加了50%，而红细胞仅增加了20%，造成血红素相对不足；另一方面，胎宝宝的骨骼、神经、造血器官发育需要大量的铁，这也使准妈妈对铁的需求量大大增加。如果准妈妈从日常饮食中摄入的铁质达不到机体所需，准妈妈就会出现缺铁性贫血症。

轻度贫血对妊娠和分娩不会有太大影响，但如果准妈妈被检测出患有重度贫血，那就要引起注意了。因为准妈妈供血不足，临产时易子宫收缩无力，常需手术助产。另外，还很容易造成产后出血，更有甚者还会导致死亡。

### 钙缺乏症

如果准妈妈摄入的钙不足，体内的血钙浓度就会降低，进而动用全身的骨钙。骨钙主要用来维持人体骨骼和牙齿发育，如果体内骨钙不足，准妈妈就会出现小腿抽筋、腰腿酸痛、骨关节痛等现象，严重者甚至会转变为妊娠高血压综合征、骨质疏松、软骨症等疾患。

此外，准妈妈体内缺钙还会导致分娩时发生骨质软化性难产，更年期后容易患上骨质疏松症。

### 肥胖症

孕产期饮食失调，营养摄取过量，会使准妈妈体重增加过快，甚至发展成肥胖症。肥胖症不仅可能会造成胎宝宝生长过度，导致分娩困难，还会使准妈妈在产后难以恢复原有的体形，且容易并发糖尿病、高血压、高脂血症等慢性疾患。

### 水肿

如果准妈妈在孕期摄入的蛋白质或维生素严重不足，就会导致水肿症状。程度较轻的只会出现下肢水肿，程度较重者则可能出现全身水肿。

●准妈妈的饮食营养均衡、营养充足，不仅对宝宝好，也可以趁孕期强健自己的身体。

# 第一章

# 备孕期
# 打好营养基础
# 迎接健康宝宝

备孕妈妈要懂得孕前营养的重要性，关注食物的宜忌，保证均衡的饮食原则，不仅让自己的孕期完美，更会让未来宝宝受益一生。

# 备孕期的饮食攻略

备孕女性注意饮食的选择和营养的补充很有必要。妈妈健康，宝宝才能正常发育。但是，女性只重视怀孕后的饮食是不够的，对于孕前的饮食也不可忽视，孕前加强营养，怀孕才能更轻松。

## 备孕妈妈需重点补充的营养成分

营养是保证身体健康的基础，人类必须每天从食物中摄取足够的营养成分，才能使机体正常地生长发育。同样，对于女性来说，合理、科学的营养是健康妊娠的基本保证。那么，女性在孕前有哪些营养需求呢?

### 蛋白质

蛋白质是生命的物质基础，是构成人体的内脏、肌肉及细胞的基本物质。如果女性在孕前摄取蛋白质不足，就不容易怀孕；怀孕后如果蛋白质供给不足，胎宝宝不但发育迟缓，而且容易流产，或者会因发育不良而造成先天性疾病。

●蛋白质

食物来源 富含蛋白质的动物性食物有牛肉、猪肉、鸡肉、动物内脏、鱼、蛋、牛奶、乳酪等；富含蛋白质的植物性食物有豆类及其制品等。

### 脂肪

脂肪是机体热量的主要来源，有动物性脂肪和植物性脂肪两种。

食物来源 动物性脂肪存在于禽、畜、水产类等食物中，多为饱和脂肪酸；植物性脂肪存在于各种植物油以及各类坚果等食物中。

### 维生素

维生素是维持人体正常生理功能所必需的一类化合物，也是需要量较大的一类物质。如果女性缺乏维生素，其受孕概率就会下降。

食物来源 富含维生素的食物有黄绿色蔬菜、动物肝、蛋类、牛奶、玉米、毛豆、甘薯、核桃、柑橘、草莓等。

## 叶酸

● 玉米

叶酸是蛋白质和核酸合成的必需因子，是人体的必需物质。备孕女性如孕前缺少叶酸，孕后将会影响胎宝宝神经管的正常发育，继而导致神经管畸形。因此，建议女性孕前3个月开始每天服用叶酸，但要注意不可过量服用。

食物来源 富含叶酸的食物有菠菜、生菜、芦笋、油菜、小白菜、豆类、动物肝、香蕉、橙汁等。

## 锌

锌具有影响垂体促进性激素分泌、促进性腺发育和维持性腺正常功能的作用。因此，缺锌不但易使人体生长发育迟缓，而且可使女性因乳房发育不健全、闭经或月经异常而造成不孕，还可使男性因精子减少或无精子而不育。

食物来源 富含锌的食物有豆类、小米、白菜、萝卜、牡蛎、牛肉等。

## 碘

碘堪称“智力营养素”，是人体合成甲状腺素不可缺少的原料。而甲状腺素会参与脑发育期大脑细胞的增殖与分化，是对智力具有决定性作用的营养成分。

食物来源 富含碘的食物有紫菜、海带、裙带菜、海参、蚶、蛤、干贝、海蜇等。

## 铁

育龄期女性由于月经等因素，体内铁贮存量往往不足。妊娠时，准妈妈对铁的需求量增加，如果不补充足够的铁，会导致贫血。孕期缺铁将会直接影响胎宝宝的生长和大脑的发育，并易导致准妈妈出现某些严重的并发症。

食物来源 富含铁的食物主要有绿叶蔬菜、肉类、花生、核桃仁等。

## 钙

钙是胎宝宝发育过程中不可缺少且用量较多的一种主要营养素。钙在凝血过程中起重要作用，它还能安定精神，防止疲劳，对将来新妈妈的哺乳也十分有利。

食物来源 富含钙的食物主要有鱼类、豆制品、虾皮、牛奶、乳酪、海藻类及绿色蔬菜等。

● 牛奶

## 备孕期宜常吃的食物

### 杂粮

女性在孕前应该多吃一些杂粮，杂粮富含蛋白质、脂肪、钙、胡萝卜素、维生素等营养成分，同时还有健脑、补脑的作用。

### 豆类

黑豆、黄豆等豆类可为身体提供膳食纤维、蛋白质、铁、钙、锌等。更为重要的是，豆类可以提供优质的植物蛋白质。

### 黑芝麻

黑芝麻中含有丰富的钙、磷、铁，同时含有丰富的优质蛋白质和近10种重要的氨基酸，这些氨基酸均为构成大脑神经细胞的主要成分。

### 黑木耳

黑木耳富含钙、铁等营养成分，所含的胶质还可以把残留在消化道内的某些灰尘和杂质吸附，从而起到清洁胃肠的作用。

### 西红柿

西红柿含有丰富的碳水化合物、维生素C、钾。西红柿中的番茄红素是抗氧化剂，能防止细胞受氧化损伤。

### 芦笋

芦笋中含有丰富的叶酸，研究表明，5根芦笋就含有100微克叶酸，达到每日人体需求量的1/4，是女性备孕期补充叶酸的重要来源。

### 西蓝花

西蓝花中的某种成分可以稳定人体血压、缓解焦虑。另外，西蓝花中的叶酸可以保护胎宝宝免受神经管畸形之害。

### 花生

花生含有丰富的蛋白质和脂肪，尤其是不饱和脂肪酸的含量很高，特别适合备孕女性食用。花生还富含维生素、碳水化合物、卵磷脂、胆碱等。

### 核桃

核桃的营养十分丰富，特别有益于大脑神经细胞的发育。核桃中的不饱和脂肪酸、磷、铁、钙、蛋白质等营养成分含量也比较高。

### 莲子

莲子含有丰富的淀粉、碳水化合物、蛋白质，脂肪含量也较高，并且含有多种维生素和微量元素，还可用于脾肾虚引起的失眠、女性白带增多等症。

### 牛肉

牛肉富含丰富的蛋白质、维生素$B_6$、维生素$B_{12}$、烟酸、锌和铁。牛肉还含有浓缩的胆碱，是有益脑细胞发育的重要营养成分。

### 水产品

鱼类、虾等水产品可为人体提供易被吸收利用的钙、碘、磷、铁等营养成分，对于大脑的生长发育及防治神经衰弱具有重要作用。

## Tips

### 备孕期饮食要酸碱均衡

备孕妈妈不可以偏食，在强调营养的多样化、合理性的同时，还要保持食物的酸碱平衡。一般肉类、鱼类、蛋类、虾贝类、糖类等食物属于酸性食物，而蔬菜、草莓、葡萄、柠檬等蔬果属于碱性食物。如果孕期不食或少食蔬菜、水果等碱性食物，偏食鱼肉等酸性食物，就可使血液酸度增高，这除了对胎宝宝身体的发育不利外，对胎宝宝牙齿的生长和钙化也有影响。

## 虾仁海带

材料

海带块50克，净虾仁30克，葱花、姜、蒜各少许。

调料

酱油、醋、盐、白糖各适量。

做法

❶蒜、姜洗净，均切成小块，用油爆香。

❷将海带块、虾仁和酱油、醋、盐、白糖等调料分别下锅炒熟，起锅后撒上葱花即可食用。

## 香椿拌香干

材料

香椿300～500克，五香豆干约60克。

调料

白砂糖、盐、鸡精、香油各适量。

做法

❶香椿清洗干净，去除老梗；五香豆干切成小丁。

❷香椿放入滚水中焯烫，待颜色变绿后立即捞出，挤去水分，切碎。

❸将香椿碎与豆干丁混合，加入盐、白糖、鸡精和香油拌匀即可。

## 黑芝麻粥

材料

黑芝麻25克，大米适量。

做法

黑芝麻、大米洗净，二者入锅内，加适量清水，一同煮成粥即可。

美食有话说 黑芝麻可补益肝肾、养血益气、乌须黑发、强壮筋骨、补虚生肌、滋养五脏，对身体虚弱、须发早白、少血无力者都有一定的补益作用。

## 鸡肉西蓝花片

材料

鸡肉100克，西蓝花1小朵。

调料

肉汤、奶油调味汁、盐各适量。

做法

❶西蓝花洗净，入锅焯烫，捞出切片。

❷鸡肉洗净、切片，入锅加肉汤煮，再加入奶油调味汁，待煮至稠时加盐调味，最后放入西蓝花片煮片刻即可。

**美食有话说** 西蓝花质地细嫩，味甘鲜美，食用后很容易消化吸收；鸡肉富含营养，有滋补养生的功效。此菜孕前食用有利于受孕。

## 熘猪肝

材料

猪肝200克，净黑木耳、姜丝、蒜片各适量。

调料

盐、干淀粉、清汤各适量。

做法

❶将猪肝剖两半，洗净，切片，再用干淀粉拌匀，备用。

❷油锅烧热，倒入猪肝片，炸1分钟，捞出，控油，再放入黑木耳以及姜丝、蒜片、盐，再加入少量干淀粉和清汤以及炸好的猪肝锅中炒两下即可。

**美食有话说** 猪肝富含蛋白质、维生素A、维生素$B_1$、维生素$B_2$和铁等多种营养成分，可滋阴补血、益气健脾，有助于优生。另外，黑木耳可益气强身，活血养胃，润肺补脑。

## 胡萝卜炒鸡蛋

材料

胡萝卜100克，鸡蛋100克，姜、葱各少许。

调料

盐、胡椒粉各适量。

做法

❶将鸡蛋去壳，入碗打散，调入胡椒粉，拌匀成蛋浆；再将姜、葱洗净，姜切成末，葱切成段，备用。

❷将胡萝卜去皮，洗净，切细丝，入沸水焯烫，捞出滤去水分备用。

❸油锅烧热，爆香姜末、葱段，投入胡萝卜丝炒透，加入蛋浆，顺一个方向快速炒熟加盐即可。

## 黑木耳豆芽炒肉丝

材料

豆芽、水发黑木耳、瘦肉丝各100克，水发腐竹50克。

调料

生抽、水淀粉各1大匙，香油1小匙，姜1片，盐适量。

做法

❶将水发黑木耳择洗干净，切细丝；豆芽放进沸水锅中焯烫一下捞出；姜洗净切末；将水发腐竹切成斜丝；瘦肉丝用生抽和水淀粉抓匀。

❷油锅烧热，放入姜末爆香，倒入肉丝炒散，再放入豆芽和黑木耳丝煸炒，加少量水，放入盐和腐竹丝。

❸用小火慢烧3分钟，转大火收汁，用水淀粉勾芡，淋入香油即可。

## 不同体质，饮食调节小窍门

对于准备怀孕的女性来说，准确分辨自身的体质，以此来调理孕前、孕中的饮食，不仅有利于孕期自身的健康，也有利于胎宝宝的生长发育。

### 气虚体质

气虚体质的备孕女性元气不足，以疲劳无力、气短、自汗等气虚表现为主要特征。最明显的特征是很容易气喘吁吁。

气虚体质准妈妈的饮食补养佳品主要有糯米、小米、大麦、山药、栗子、榛子、大枣、南瓜、丝瓜、苹果、樱桃、荔枝、牛肉、鸡肉、猪肉、猪脑、猪腰、鲫鱼、带鱼、鲳鱼、黄花鱼、鲈鱼、鲤鱼、莲子、百合等。

### 阳虚体质

阳虚体质的备孕女性普遍阳气不足。其主要表现为特别怕冷，即使是再热的暑天，这种人也不能在空调房里多待。阳虚体质的备孕女性应以补阳温阳为主要原则，以帮助体内阳气的恢复。但是补阳不能太过，太过了也会出现咽喉肿痛、口干舌燥的症状。阳虚体质者在饮食养生时应注意以下几点。

◎ **多吃温热性食物。**阳虚体质者秋冬季要经常喝一些以山药、栗子、大枣、糯米之类食材熬成的粥，不仅暖身暖胃，还能补阳气。

◎ **少吃寒凉食物。**阳虚体质者平时应少吃寒凉性的食物，因为这些食物会消耗人体的阳气，使阳气更加不足。

### 阴虚体质

阴虚体质的备孕女性往往由于“阴虚内热”，而出现五心烦热（五心是指双手心、双脚心再加上心脏）的典型表现。这是由于人体内的阴气不足，不能制约阳气，阳气偏亢而使虚热内生所致。因此，在饮食补养时应注意以下几点。

◎ **滋养肝肾。**阴虚体质者养生的关键在于补阴。人体五脏之中，肝藏血，肾藏精，同居下焦，对于人体阴液的恢复与维持有着重要的作用。所以，阴虚体质者在养生时以滋养肝肾二脏为要。

◎**补阴清热**。阴虚容易产生内热，所以阴虚体质者要在补阴的同时注意清热，恢复人体阴阳的平衡。故阴虚体质者可以多吃猪肉、鸭肉、冬瓜、白菜、西红柿、绿豆、糯米、小麦、豆腐、银耳、牛奶、黑木耳等。

### 痰湿体质

痰湿体质的备孕女性是由于水液内停而痰湿凝聚，黏滞重浊导致气机不利、脾胃升降失调所致。所以，痰湿体质的备孕女性多体形肥胖。

补养时，可以多吃扁豆、冬瓜、白萝卜、大蒜、大葱、生姜、洋葱、玉米、小米、荔枝、柠檬、樱桃等温补肠胃、祛湿化痰的食物。

### 湿热体质

湿热体质的备孕女性形体偏胖或偏瘦；平素面垢油光，面部和鼻尖总是油光发亮，同时脸上容易生粉刺，皮肤容易瘙痒，常感到口苦、口臭。可多吃些益气养阴的食物，如胡萝卜、豆腐、莲藕、荸荠、百合、银耳、鸭蛋等。

### 特禀体质

特禀体质是9种体质中最“敏感”、最“娇宠”的体质。特禀体质者多是遗传所致。这种体质的人在饮食上宜清淡、均衡，粗细搭配适当，荤素均衡合理，多食益气固表的食物。

可多吃冬瓜、黄瓜、丝瓜、白菜、油菜、西红柿、茄子、香菇、金针菇、莲藕、西瓜、柿子、樱桃、葡萄等食物。

### 血瘀体质

血瘀体质的备孕女性大多肤色晦暗，色素沉着，容易出现瘀斑，口唇黯淡，并且以瘦人居多，主要是因为血液运行不畅。所以，血瘀体质的备孕女性宜用行气、活血的食物来疏通气血，从而达到“以通为补”的目的。

可多吃一些白萝卜、韭菜、大蒜、生姜、醋、银杏、红糖、柠檬、柚子等具有行气活血功能的食物。

### 气郁体质

气郁体质，顾名思义就是由于长期气机郁滞而形成的性格内向不稳定，忧郁脆弱，敏感多疑的状态。

“气郁在先、郁滞为本”是气郁体质的实质，故疏通气机为气郁体质者的进补原则。此种体质者应多吃具有行气、解郁、消食、醒神作用的食物。

### 平和体质

平和体质的备孕女性气色红润，很健康。这类备孕女性补养时应采取中庸之道，吃饭不要过饱过饥，不能太冷或太热。

平和体质的备孕女性多吃五谷杂粮、蔬菜瓜果，少吃油甘厚味和辛辣刺激的食物。

## 备孕爸爸补充营养宜忌指导

对于准备做爸爸的男性来说，其饮食对未来胎宝宝的健康也至关重要。有关专家建议，为了生育一个健康聪明的宝宝，男性在计划做爸爸时，就应该多关注自己的饮食，做好营养储备。

### 多吃蔬菜和水果，少吃肉

大多数男性平时比较喜欢吃肉，而不注意蔬菜水果的摄入。医学专家指出，精子的形成固然需要高蛋白质的食物，但也不是说吃得越多越好。

一个人如果摄入过多高蛋白，而蔬菜水果吃得太少，就会形成酸性体质，而酸性体质是不利于提高精子质量的。另一方面，蔬菜水果中含有较丰富的维生素A、维生素C以及B族维生素，这些都是男性所必需的营养成分。如果长期缺乏这些维生素，将会影响性腺发育，不利于精子生成，从而使精子数量减少或影响精子的活力。所以，备孕男性一定要制订一个合理均衡的营养摄取方案，在饮食上既要有肉食，也不能忽视蔬菜水果这些有助于形成碱性体质的食物。只有这样，才能保证精子发育所需的营养，使遗传潜力得到最大程度的发挥，同时为胎宝宝的生长发育准备好充足而均衡的营养。

### 重点补充含锌食物

现代医学认为：锌元素直接参与男性生殖生理过程中多个环节的活动，有维持和提高性功能，增加精子数量，参与睾酮的合成，补充生精上皮和精子活力以及参与人体蛋白质化合的作用。

临床试验表明，普通人的血浆中锌含量为0.6～1.33微克/毫升。而精液中锌含量比血液中锌含量要高百倍。锌直接参与精子内的糖酵解和氧化过程，保持精子细胞膜的完整性和通透性，维持精子的活力。男性如果缺锌，睾酮、二氢睾酮、雄激素就会减少，这样不利于精子的生成。

缺锌还易导致前列腺炎、附睾炎，这些都可能会造成男性不育。所以，备孕男性不可缺锌。补锌的关键就在于膳食平衡。含锌量较为丰富的食物有猪肝、蛋黄、瘦肉、花生、核桃、苹果等。备孕男性也可根据医嘱服用一些补锌的药物，最常用的是硫酸锌糖浆或片剂，每天300毫克，1～3个月为1个疗程，然后复查血液与精液的锌含量和精子的数量、活力。如果锌含量仍不足，可再服用1个疗程。

### 适当多吃海鲜

营养专家指出，适量进食海鲜对增加男性的精子活力非常有好处。此外，精氨酸是构成精子细胞的主要物质，而大部分海鲜都富含精氨酸，故多食海鲜可促进精子的形成。

### 多为身体补充能量

对于准备要孩子的男性来说，在工作繁忙的时候，要及时补充能量，让身体保持良好的状态，为孕育健康宝宝打下基础。一般来说，能量的主要来源是饮食当中的各种主食，如米饭、五谷杂粮、豆类等。

### 不要吃过咸的食物

中医认为，过度食用咸味饮食会伤肾。因此，备孕男性在饮食上宜清淡，可适当食用植物油、鱼类、花生、黑芝麻等，可以补益肾精，避免性功能衰退。

### 不能过多食用生大蒜

大蒜属于辛辣之物，如果生吃过量的大蒜，会伤害到精子。但备孕男性也不宜因此拒吃大蒜，只要控制好量，烹熟后再吃，就不会对精子造成伤害，

同时还能起到一定的保健作用。

### 不要吃过于肥腻的食物

肥腻的食物容易损伤脾胃。如果男性脾胃失常就会导致精气不足、性欲减退。

### 不吃含反式脂肪酸的食物

反式脂肪酸对人体的健康有多方面的不利影响，比如会减少血浆中对人体有益的高密度脂蛋白胆固醇含量，增加对人体有害的低密度脂蛋白胆固醇含量，容易引发心脑血管疾病等。对备孕男性而言，反式脂肪酸还会影响精子的生成，降低男性生育能力。因此，备孕男性要坚决拒吃含反式脂肪酸的食物。常见的食物中，奶茶、部分饼干、薄脆饼、油酥饼、炸薯条、巧克力、色拉酱、炸面包圈、奶油蛋糕、大薄煎饼、薯片、油炸干吃面等，都可能含有反式脂肪酸。在备孕期间，男性要尽量少吃或不吃这类食物。

### 尽量不吃烧烤、油炸食物

烧烤和油炸的淀粉类食物中含有致癌毒物苯并芘，可导致男性少精、弱精。备孕男性过多摄入这类食物，有可能会导致精子数量大幅度减少、精子活力下降，严重时会导致不育。因此，备孕男性要远离这类食物，以保证“孕力”，提高精子的品质。

## 吃排毒润肠食物，给备孕优生加分

备孕夫妻一定要保证身体的健康，遵守餐桌上的“红绿灯”守则：对顺利怀孕有帮助的食物就应该多吃，对顺利怀孕有损害的食物坚决不吃。备孕夫妻尤其要关注食品的安全问题，以免有些毒素长时间滞留在体内不能及时排出，给健康造成危害。

备孕夫妻在平时可常吃下面这些具有排毒润肠作用的食物。

**Tips**

男性在备孕期间，也是至关重要的。备孕爸爸至少在受孕前三个月要尽量做到不抽烟、不饮酒，辛辣食物和高糖食物也尽量不要食用，这些不良的饮食习惯会成为健康怀孕的严重障碍，此外，备孕爸爸还要远离芹菜、啤酒、可乐、咖啡、咸鱼、腊肉、香肠以及茄子、土豆等食物。

## 海带

所含的褐藻酸有助于排出肠道吸收的放射性元素锶，对进入人体的有毒元素镉也有促排作用。

## 猪血

所含的血浆蛋白分解后具有解毒和润肠的作用，备孕女性常吃猪血有助于及时排出侵入体内的粉尘和金属微粒。

## 魔芋

魔芋是有名的胃肠“清道夫”、“血液净化剂”，能有效清除肠壁上的废物，预防便秘。

## 黑木耳

所含的植物胶可吸附体内的杂质，起到清洁血液和润肠的作用。

## 红豆

红豆营养丰富，有补气养血之效，其所含的石碱酸还可以促进尿液排出并且可以促进大肠蠕动，减少便秘。

## 紫菜

含有丰富的维生素A和B族维生素，还含有丰富的膳食纤维及矿物质，有助于排出身体内的废物及毒素。

## 苹果

所含的苹果酸可以加速新陈代谢；半乳糖醛酸有助于排毒；可溶性膳食纤维能促进粪便的排出。

## 黑芝麻

所含的亚麻仁油酸可以帮助人体排出附在血管壁上的胆固醇，促进新陈代谢。

## 孕前饮食调理的误区和禁忌

### 误区1 补充脂肪越多越好

女性在准备怀孕时，脂肪的准备是必不可少的。

如果孕前为了减肥，一味摄入低脂食物而使体内脂肪缺乏，将导致受孕失败，或者即使受孕了也会危及胎宝宝的正常发育。但脂肪的准备也要有一定的讲究，备孕女性应该为自己选择那些有益大脑和体格发育的优质脂肪，如海鱼、海虾的脂肪。

黄鱼

虾

### 误区2 孕前多喝鲜奶生出来的宝宝皮肤白

很多想要怀孕的女性在孕前喝很多鲜奶，以为这样生出的宝宝皮肤就会很白。事实上，这是没有科学依据的。

因为胎宝宝的皮肤颜色主要受父母的遗传基因影响，取父母肤色的中和色。

### 禁忌1 孕前吃过多高糖食物

怀孕前，备孕女性若经常食用高糖食物，则很可能会引起体内糖代谢紊乱，甚至成为潜在的糖尿病患者。若这种习惯维持到怀孕之后，则极易出现妊娠糖尿病。

妊娠糖尿病对准妈妈和胎宝宝的危害是巨大的，它容易导致流产、早产、死胎等情况的发生。因此，为了自身和胎宝宝的健康，备孕女性在怀孕前就应该与高糖食物保持距离。

### 禁忌2 孕前吃过多辛辣食物

孕前过多地食用辛辣食物会影响人的消化功能，容易导致消化不良、便秘，严重的会发生痔疮。如果怀孕后还进食辛辣刺激性食物，则不仅会加重准妈妈的上述症状，还会影响准妈妈对胎宝宝营养的供给。因此，建议备孕女性尽可能避免摄入此类食品。

### 禁忌3 孕前吃过多熏烤食品

现代科学研究发现，咸肉、香肠、腌鱼、咸菜等食物在制作过程中会产生致癌物质——亚硝酸盐。亚硝酸盐进入胃后在酸性环境中会进一步形成亚硝胺，而亚硝胺可使精子和卵子中的遗传物质DNA发生畸变，导致形成的受精卵畸形。因此，孕前最好少吃或不吃这类食品。

### 禁忌4 孕前食用受污染食物

食物从其原料生产直至食用前的制作过程中，会经历很多环节，可能会受到不同程度的污染，对人体产生不利影响。因此，孕前饮食最好选择新鲜的天然食品。水果最好去皮后再食用，以避免农药污染；蔬菜要洗净、浸泡后再食用。

### 禁忌5 孕前多喝含有咖啡因的饮料

众所周知，咖啡和茶叶都含有咖啡因，而咖啡因是一种中枢神经兴奋物质，如果孕前长期过量饮用，可能影响女性生理变化，在一定程度上可以改变女性体内雌激素和孕激素的比例，从而间接抑制受精卵在子宫内的着床和发育。鉴于此，孕前最好少喝咖啡和浓茶。

### 禁忌6 饮食中用过多的味精

味精的主要成分是谷氨酸钠，食入过多会影响锌的吸收。备孕期间如果体内锌的存储量不够，不利于胎宝宝日后的健康发育。

### 禁忌7 经常食用罐头食品、油条

罐头食品中含有添加剂和防腐剂，是导致胎儿畸形和流产的危险因素；油条在制作过程中使用的明矾是一种含铝的无机物，铝可通过胎盘侵入胎宝宝大脑，影响胎宝宝智力的发育。

## Tips

选择叶酸保健品还是药品类的叶酸?

虽说准备怀孕及怀孕阶段是不能乱吃药的，但是叶酸属于A级药物，没有致畸作用，育龄女性是可以吃的。

需要注意的是，市面上的叶酸保健品多为预防贫血或改善贫血的产品，要注意严格区分。有些保健品类的叶酸每粒含量可能达到1毫克以上，有过量的风险，长期过量服用可能对胎宝宝造成不良后果。因此，选用这些叶酸时一定要先咨询医生。

贴心提示

## 排卵日的计算方法

排卵是影响受孕的关键因素之一。卵子存活的时间一般约为24小时，精子在女性体内存活的时间约为3天。因此，只有掌握女性排卵的时间，才能顺利受孕。

### 基础体温推算法

所谓基础体温测定就是指女性经过6～8个小时的睡眠，醒来后在未进行任何活动的情况下所测得的体温。按日期将所测得的体温记录相连绘成曲线，称为基础体温曲线。排卵前体温低，排卵后体温高，两者的转折点就是排卵日，排卵前后基础体温相差0.4℃左右。这是因为排卵后，黄体形成，黄体分泌黄体酮，导致体温升高。连续测几个月月经周期的基础体温，就可以准确推算出排卵日。

### 白带推算法

在月经周期的前半期，白带量渐渐增加；当卵泡成熟、卵子即将排出时，白带越来越稀薄、透亮；在排卵期，白带量最多，常常有细带状的白带流出，有时可拉长十几厘米（即拉丝度）。排卵期白带的大量分泌时间可持续2～3天。

### 月经周期推算法

月经周期的前半期是卵泡期，后半期是黄体期，它们以排卵为界限。正常生育年龄的女性每月排一次卵，通常只排一个。

排卵期具体的推算方法是：从下次月经来潮的第1天算起，减去14天就是排卵日，排卵日的前5天和后4天这段时间一起称为排卵期。例如，月经周期为28天，本次月经来潮的第1天在12月2日，那么下次月经来潮是在12月30日，再减去14天，12月16日就是排卵日。备孕的夫妻在排卵期进行性生活，可增大受孕概率。当然，这种方法只有在月经周期规律的情况下才能实现。

# 第二章 孕期所需营养成分及明星食材

怀胎十个月里，胎宝宝所需要的各种营养全是靠准妈妈“吃”出来的。因此，“吃什么”成为了全家瞩目的焦点，这章将明确列出准妈妈该吃的营养食材。

# 碳水化合物

**认识它**

碳水化合物是人类从膳食中取得热量最主要的来源，包括食物中的单糖（葡萄糖、果糖）、双糖（蔗糖、麦芽糖）和多糖（淀粉）。

纤维素、果胶等不被人体吸收的多糖，可刺激肠蠕动，促进人体消化吸收、排出毒素。

**重视它**

碳水化合物摄入过少，准妈妈体内的热量不足，不仅会引起准妈妈低血糖、头晕、无力甚至休克，还会导致胎儿生长发育迟缓。

碳水化合物摄入过量，不仅会使准妈妈的血脂、血糖升高，形成肥胖症，还会使胎儿生长过快，形成巨大儿，甚至使新生儿患上2型糖尿病。

**供给量**

准妈妈每日宜摄取碳水化合物500克左右。

**获取它**

除以下提到的食材，富含碳水化合物的食材还有：大米、小麦、燕麦、马铃薯、山药、芋头、莲藕、荸荠等谷类、薯类、根茎类食物。

# 蛋白质

蛋白质占人体重量的16.3%，是生命的物质基础。

**认识它**

食物中的蛋白质必须分解成氨基酸才能被人体吸收和利用。氨基酸可分为必需氨基酸和非必需氨基酸。必需氨基酸就是指人体自身不能合成或合成速度不能满足人体需要，必须从食物中摄取的氨基酸，一般来说包括赖氨酸、甲硫氨酸、亮氨酸、异亮氨酸、苏氨酸、缬氨酸、色氨酸、苯丙氨酸8种。

蛋白质是补偿新陈代谢消耗及修补组织损失的主要物质。

**重视它**

准妈妈体内的蛋白质充足，可以维持子宫、胎盘、乳腺等组织的正常发育，还能为分娩提供足够的能量。

准妈妈只有摄入充足的蛋白质，才能分泌出更多营养全面的乳汁。

**供给量**

准妈妈每日宜摄取蛋白质75～100克。

**获取它**

除以下提到的食材，富含蛋白质的食材还有：鸡肉、带鱼、鲤鱼、牛肉、榛子、黄豆、豆浆、豆腐等。

猪肉

虾

牛奶

鸡蛋

花生

核桃

# 脂肪

**认识它**

脂肪主要存在于人的脂肪组织内，如皮下脂肪中。

脂肪是人体组织细胞的组成部分，当体内能量过剩时，多余的糖类就会转化成脂肪，存储在体内。当机体需要能量时，脂肪就可以通过代谢产生热量。

脂肪使人体可以进行消化、循环、细胞代谢、肌肉活动等基本的生理活动。

**重视它**

准妈妈日常饮食中摄入的脂肪不足，可能导致母体发生脂溶性维生素缺乏症，还会使胎宝宝体重减少。

准妈妈长期大量摄入脂肪，会造成准妈妈和新生儿肥胖。

脂肪中的必需脂肪酸影响着胎宝宝的生长和发育，可以促进中枢神经系统的发育，维持细胞膜的完整，合成前列腺素。

**供给量**

准妈妈每日可摄取脂肪60克左右。

**获取它**

除以下提到的食材，富含脂肪的食材还有：花生油、玉米油、猪肉、牛肉、鸡蛋、鲢鱼、鲫鱼、虾、贝类、黄豆、核桃、花生等。

鸡肉

蛤蜊

杏仁

黑芝麻

橄榄油

# 铁

**认识它**

铁可以参与胶原的合成，加速体内抗体的产生，从而使免疫系统正常运行，保持身体的抗病能力，对抗由各种病毒引发的感冒。

铁是维持生命的主要物质，能运输氧和二氧化碳，参与组织呼吸，为身体细胞与器官带来充分的氧气，改善血液循环，保持脸色红润。

**重视它**

准妈妈缺铁，会导致贫血，进而引起胎宝宝宫内缺氧，生长发育迟缓，出生后智力发育出现障碍，体重过轻。

胎宝宝适量补铁，可以促进心智与神经系统全面发展。

**供给量**

孕早期准妈妈每日可补充28毫克铁，孕中期至分娩时每天可补充30毫克铁。

**获取它**

除以下提到的食材，富含铁的食材还有：豌豆苗、红心萝卜、红枣、桑葚、葡萄、橘子、小米、大米、玉米、高粱、动物肝脏、动物血、牛肉、猪肉、鲫鱼、鲤鱼、虾、黄豆、黑豆、红小豆、豆腐、榛子、黑芝麻等。

羊肉

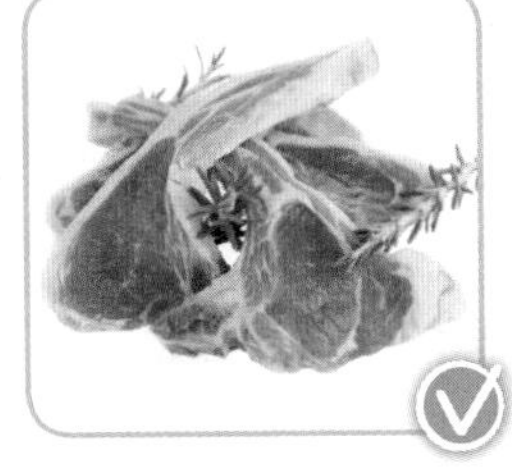

黑木耳

海带

毛豆

韭菜

松子

# 钙

## 认识它

钙是构成骨骼和牙齿的主要物质。一般来说，成年人每天大约会更新700毫克钙。随着年龄的不断增长，钙的更新周期会延长，如幼儿的骨骼每1～2年更新一次，成年人却需要10～12年的时间。

钙能维持神经、肌肉的正常兴奋性，保证心脏的正常搏动。

钙离子是血液保持一定凝固性的必要因子之一，有显著的凝血作用。

人体细胞膜中的钙能够与卵磷脂结合，用以维持细胞膜的通透性。

## 重视它

准妈妈缺钙，可能会引起孕期高血压综合征，严重者还会导致骨质软化、骨盆畸形而诱发难产。

准妈妈缺钙，会使新生儿生长迟缓，骨骼发生病变，容易引起佝偻病以及新生儿脊髓炎等。

## 供给量

孕早期准妈妈每天宜摄取800毫克钙，孕中期以后准妈妈每日需补充1000毫克钙，孕晚期每天要补充1200毫克钙。

## 获取它

除以下提到的食材，富含钙的食材还有：白菜、芹菜、菠菜、荠菜、羊肉、猪肉、金枪鱼、鲤鱼、豆浆、奶酪等。

油菜

圆白菜

鸡肉

虾

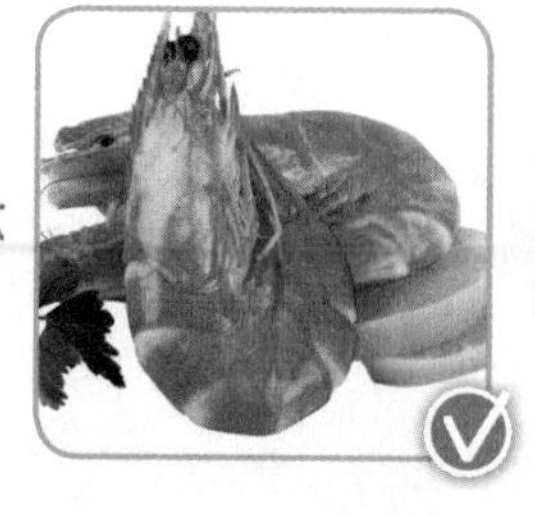

豆腐

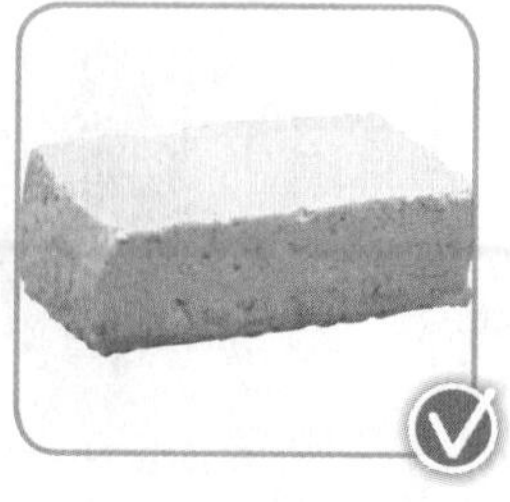

牛奶

# 锌

**认识它**

人体含有2～2.5克锌，其中70%存在于骨骼、皮肤、头发和睾丸中，30%存在于血液中。锌可通过对蛋白质和核酸的活化作用，促进细胞分裂、生长和再生，保证胎宝宝的生长发育以及第二性征的正常发育。

锌能维持人体正常的食欲与味觉。

**重视它**

孕期准妈妈如果摄入的锌不足，可能会导致胎宝宝生长缓慢或矮小畸形。

锌可促进子宫收缩，在分娩的过程中帮助准妈妈顺利产出胎宝宝。

准妈妈体内缺锌，会对新生儿造成多方面的影响，比如骨成熟迟延、肝脾肿大、免疫力低下、性腺功能减退以及脱发、舌炎、口腔炎等。

**供给量**

准妈妈每日宜摄取锌20毫克左右。

**获取它**

除以下提到的食材，富含锌的食材还有：生蚝、鸡蛋黄、松子仁、奶酪、鱿鱼干、扇贝、南瓜子、牡蛎、墨鱼、蛤蜊、面筋、蚕豆、核桃、花生等。

牡蛎

绿豆

花生

核桃

栗子

口蘑

# 碘

**认识它**

碘是人体合成甲状腺素的重要原料，甲状腺素能够调节能量代谢，使葡萄糖和脂肪酸释放出大量能量供给细胞利用，保证机体各种生理活动的正常进行。甲状腺素还会影响体内的胆固醇水平。

碘能促进神经系统的发育，维持正常的生殖功能。

**重视它**

准妈妈体内的碘缺乏，胎宝宝的甲状腺素合成不足，会造成生长、智力发育迟缓，从而影响胎宝宝的大脑皮层中分管语言、听觉和智力的部分，导致新生儿聋哑、痴呆、身材矮小或智力低下等。

准妈妈体内缺碘很容易造成流产或先天畸形，新生儿的死亡率也较高。

**供给量**

准妈妈每日宜摄取碘200微克左右。

**获取它**

除以下提到的食材，富含碘的食材还有：橘子、菠萝、香蕉、青椒、糯米、玉米面、大米、牛肉、鸡肉、猪瘦肉、淡菜、鲳鱼、鲤鱼、虾、海带、松子、核桃等。

紫菜

开心果

紫甘蓝

西红柿

莲藕

洋葱

# 硒

## 认识它

谷胱甘肽过氧化物酶是机体中广泛存在的一种重要的过氧化物分解酶，硒则是它的组成成分。所以，补充硒可以清除体内过氧化物，保护细胞和组织免受过氧化物的损害。

硒能抵抗重金属的毒性，是一些有毒的重金属元素的天然解毒剂。

## 重视它

硒有降低血压、改善血管状况的作用，同时还能消除水肿症状，一方面可以预防和治疗妊娠高血压综合征，另一方面还可缓解孕期水肿症状。

准妈妈体内硒缺乏，可能导致胎宝宝先天畸形，还会影响新生儿的大脑发育及营养状况。

准妈妈摄入过量的硒，会出现毛发脱落、指甲变形、肝脏受损等硒中毒症状。

## 供给量

准妈妈每日宜摄取硒50微克左右。

## 获取它

除以下提到的食材，富含硒的食材还有：牛肉、玉米、鸡肉、全麦食品等。

沙丁鱼

牡蛎

虾

猪肉

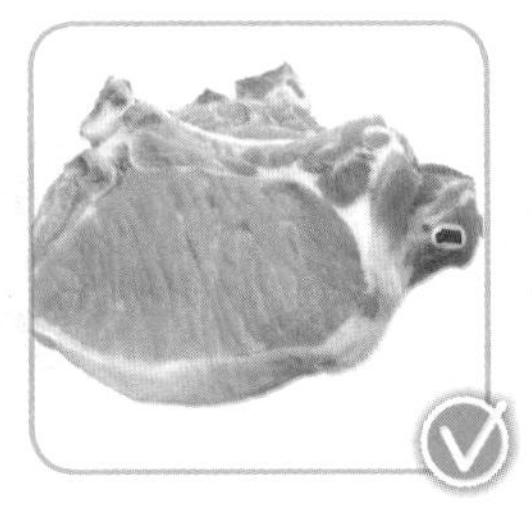

小麦

# 铜

认识它

铜是人体内酶的重要组成部分，而酶是促进体内细胞进行新陈代谢的重要物质，人的呼吸、消化和吸收都有赖于酶发生反应。人体内至少有20种酶中含有铜，其中至少有一半需要靠铜来发挥作用。

铜可以作为催化剂，促进铁的储存和血红蛋白的释放，维持人体正常的造血功能。

铜能促进结缔组织形成，并让中枢神经系统发挥作用。

重视它

准妈妈体内铜不足，不仅会造成准妈妈贫血、骨质疏松，更严重的还会出现流产、早产、胎膜早破、胎盘功能不良等。

准妈妈摄入的铜不足，胎宝宝在孕晚期时骨骼、细胞的生长和发育以及体内胆固醇和葡萄糖的代谢都会受到影响，甚至还会影响胎宝宝心肌的收缩以及大脑的发育。

供给量

准妈妈每日宜摄取铜2～3毫克。

获取它

除以下提到的食材，富含铜的食材还有：蟹、大白菜、栗子、芝麻、红色肉类、动物肝脏、柿子、柑橘、木瓜等。

# 镁

认识它

人体总含镁量约25克，其中的60%～65%存在于骨骼、牙齿，27%分布于软组织。膳食中促进镁吸收的成分主要有氨基酸、乳糖等。

镁是骨骼和牙齿的重要组成部分。

镁是体内酶系统的激活剂，影响着能量和物质代谢。

镁可调节心肌细胞，并抑制肌肉收缩及神经冲动。

重视它

准妈妈摄入镁不足，会导致神经与肌肉功能紊乱，出现手足抽搐、肌肉震颤、昏迷等症状。

准妈妈孕期体内镁缺乏，容易引发子宫收缩，导致早产；还可能成为绝经期后患骨质疏松症的诱因。

供给量

准妈妈每日宜摄入镁450毫克。

获取它

除以下提到的食材，富含镁的食材还有：绿叶蔬菜、水产品、燕麦、香蕉等。

荞麦

乌梅

苋菜

鱼肉

紫菜

生菜

# 维生素A

认识它

维生素A是一种脂溶性物质，有两种形式：一种是β-胡萝卜素，在人体内可以转变为维生素A；另一种是视黄醇，是最初的维生素A形态。

维生素A中的视黄醇可促进视觉细胞内感光色素的形成，调试眼睛适应外界光线的强弱能力，以降低夜盲症和视力减退的发生。

维生素A可促进糖蛋白的合成，影响骨组织生长发育，强壮骨骼，维护头发、牙齿和牙床的健康。

重视它

准妈妈体内维生素A缺乏时，可能会影响胎宝宝皮肤系统和骨骼系统的生长发育，甚至造成胎宝宝先天畸形。

准妈妈摄取过量维生素A时，可能会出现中毒现象，表现为皮肤黏膜干燥、表皮细胞增生、过度角化脱屑等情况。

供给量

准妈妈每日宜摄取维生素A1000微克左右。

获取它

除以下提到的食材，富含维生素A的食材还有：菠菜、芒果、动物肝脏、鱼肝油、鱼子等。

# 维生素$B_2$

认识它

维生素$B_2$又名核黄素，是人体细胞中促进氧化还原的重要物质之一，具有抗氧化的作用，能有效防止自由基侵害肌肉组织与关节。

维生素$B_2$参与体内碳水化合物、蛋白质、脂肪的代谢，并有维持正常视觉功能的作用。

维生素$B_2$能维持肌肤发育、维护肌肤的完整与再生。有助于抵抗紫外线对皮肤的侵害，在缓解皮肤炎症以及皮肤过敏方面有很好的功效。

重视它

准妈妈长期缺乏维生素$B_2$时，容易导致胎宝宝营养供应不足，生长发育迟缓。

准妈妈在孕晚期缺乏维生素$B_2$时，会导致新生儿发生舌炎和口角炎。

供给量

准妈妈每日宜摄入维生素$B_2$约1.7毫克。

获取它

除以下提到的食材，富含维生素$B_2$的食材还有：胡萝卜、紫菜、豌豆苗、橘子、橙子、红枣、猪肝、猪心、羊肝、鲈鱼、草鱼、蘑菇、松蘑、海带、牛奶、奶酪、豆腐干、松子仁、核桃等。

草菇

香菇

豆腐皮

瓜子

生菜

榛子

# 维生素$B_{12}$

**认识它**

维生素$B_{12}$又称为钴胺素，参与体内蛋白质、脂肪与糖类的代谢，尤其对蛋白质的合成有重大帮助。

维生素$B_{12}$能促进红细胞的形成与再生，促进红细胞的发育和成熟，使机体造血功能处于正常状态，预防恶性贫血。

维生素$B_{12}$是维护神经系统的重要营养素，能维护情绪的稳定以及周围神经系统的稳定。

**重视它**

准妈妈体内缺乏维生素$B_{12}$时，不仅会导致母体患上“妊娠巨幼红细胞性贫血”，还会对胎宝宝发育不利，导致贫血，甚至发生畸变。

**供给量**

准妈妈每日宜摄取维生素$B_{12}$约2.6毫克。

**获取它**

除以下提到的食材，富含维生素$B_{12}$的食材还有：奶酪、猪肉、羊肝、猪腰子、南瓜子、动物肝脏、动物肾脏等。

# 维生素C

## 认识它

维生素C又称为抗坏血酸，能参与体内氧化还原过程，维持组织细胞的正常能量代谢。

维生素C能促进胶原合成，有利于伤口的愈合。

维生素C可增强中性粒细胞的趋化和变形能力，提高杀菌能力，促进淋巴母细胞的生成，提高机体对外来和恶变细胞的识别和杀灭能力，还可参与免疫球蛋白的合成。

## 重视它

维生素C在胎宝宝脑发育期可提高脑功能，准妈妈摄取足够的维生素C可以提高胎宝宝的智力。

如果准妈妈体内严重缺乏维生素C，不仅会导致准妈妈患维生素C缺乏症，还会引起胎膜早破、早产、胎宝宝体重过轻，会大大增加新生儿的死亡率。

## 供给量

准妈妈每日宜摄取维生素C约130毫克。

## 获取它

除以下提到的食材，富含维生素C的食材还有：西红柿、青椒、雪菜、苋菜、香椿、草莓、橙子、荔枝、苹果、葡萄、木瓜、苦瓜、圆白菜、栗子、杏仁等。

猕猴桃

柚子

番石榴

柑橘

芒果

# 维生素D

**认识它**

维生素$D_2$与维生素$D_3$是最重要的维生素D。

维生素D对骨骼发育极为重要，其主要功能是调节体内钙和磷的代谢，使钙从肠黏膜吸收到血中，还可调节磷从肾中吸收，维持血中钙和磷的正常浓度。同时，还可促进血中钙沉积于新骨形成的部位，有利于骨质的钙化。

**重视它**

准妈妈体内缺乏维生素D，会使母体成熟的骨骼脱钙而发生骨质软化症和骨质疏松症，还会对胎宝宝的骨骼和牙齿发育产生阻碍。严重缺乏时，新生儿会出现先天性佝偻病、低钙血症以及龋齿等。

准妈妈服用过量维生素D，会导致其在体内蓄积而引起中毒现象，表现为头痛、厌食、肾功能衰竭、高血压等症状；还会导致胎宝宝骨骼硬化，导致分娩困难。

**供给量**

准妈妈每日宜摄取维生素D约10微克。

**获取它**

除以下提到的食材，富含维生素D的食材还有：鲱鱼、小鱼干、鱼肝油、动物肝脏等。

# 维生素E

**认识它**

维生素E是一种活性抗氧化剂，具有延缓衰老的作用。

维生素E可以促进腺垂体促性腺激素分泌细胞功能，增强卵巢功能，使卵泡数量增多、黄体细胞增大，增强孕酮的作用；孕后摄入充足的维生素E还具有保胎的作用。

维生素E可防止肌肤老化、预防脑部疲劳、维持脑部活力。

**重视它**

准妈妈体内缺乏维生素E，会出现脱发、皮肤出现皱纹等现象。

准妈妈体内缺乏维生素E，还会引起胎动不安，造成流产或流产后不易再受精怀孕。

当准妈妈体内严重缺乏维生素E时，会导致胎儿早产，并发生溶血性贫血。

**供给量**

准妈妈每日宜摄取维生素E约14毫克。

**获取它**

除以下提到的食材，富含维生素E的食材还有：苹果、红枣、橘子、小米、荞麦、玉米、黄豆、豆腐皮、芝麻、松子仁、核桃、瓜子、玉米油、花生油、橄榄油等。

# 维生素K

## 认识它

维生素K分为两大类，一类是脂溶性维生素，包括维生素$K_1$和维生素$K_2$；另一类是水溶性维生素，包括维生素$K_3$和维生素$K_4$。其中最重要的是维生素$K_1$和维生素$K_2$。它们主要存储于人体肝脏中。

维生素K具有凝血作用，是正常凝血过程所必需的物质。

维生素K可促进血中的钙沉积于新骨形成的部位，有利于骨质的钙化。

## 重视它

准妈妈体内缺乏维生素K，容易引起凝血障碍，增加流产的风险，还会导致胎宝宝先天性失明、智力低下，甚至死胎。

准妈妈吸收的维生素K不足，新生儿易患出血性疾病。

## 供给量

准妈妈每日宜摄取维生素K70～140微克。

## 获取它

除以下提到的食材，富含维生素K的食材还有：菠菜、牛奶、奶油、牛肉、鱼肉、鱼子、蛋黄等。

黄油

莴笋

菜花

酸奶

紫甘蓝

苹果

# 钠

## 认识它

钠是保证机体水和电解质平衡的最重要物质，能参与水的代谢，保证体内水的平衡。

钠对血压有调节作用，会影响心血管的功能以及肌肉运动。

钠可维持体内酸碱平衡；还可增强肌肉的兴奋性。

## 重视它

准妈妈摄入钠不足时会导致食欲不振、神疲乏力，直立时晕倒，严重时可能会造成皮肤弹性减退、饮食不佳、休克、昏迷、少尿等症状。

准妈妈摄入钠过多时不仅会加重水肿状况，还会使血压升高，甚至导致心力衰竭。

## 供给量

准妈妈每日摄取食盐应少于6克。

## 获取它

除以下提到的食材，富含钠的食材还有：番茄酱、熏腌肉等。

海藻

酱油

带鱼

虾

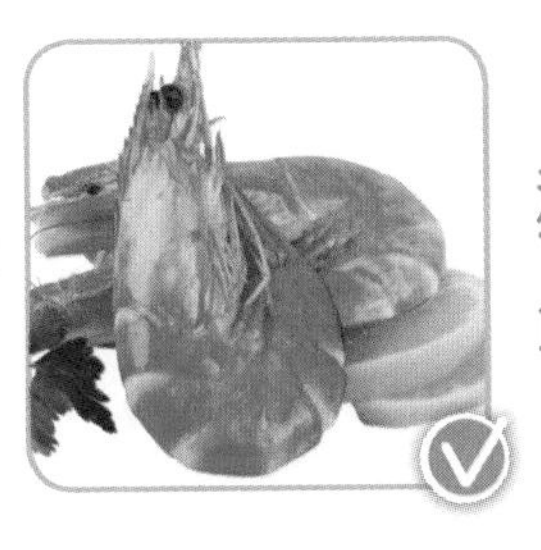

沙丁鱼

# 黄豆

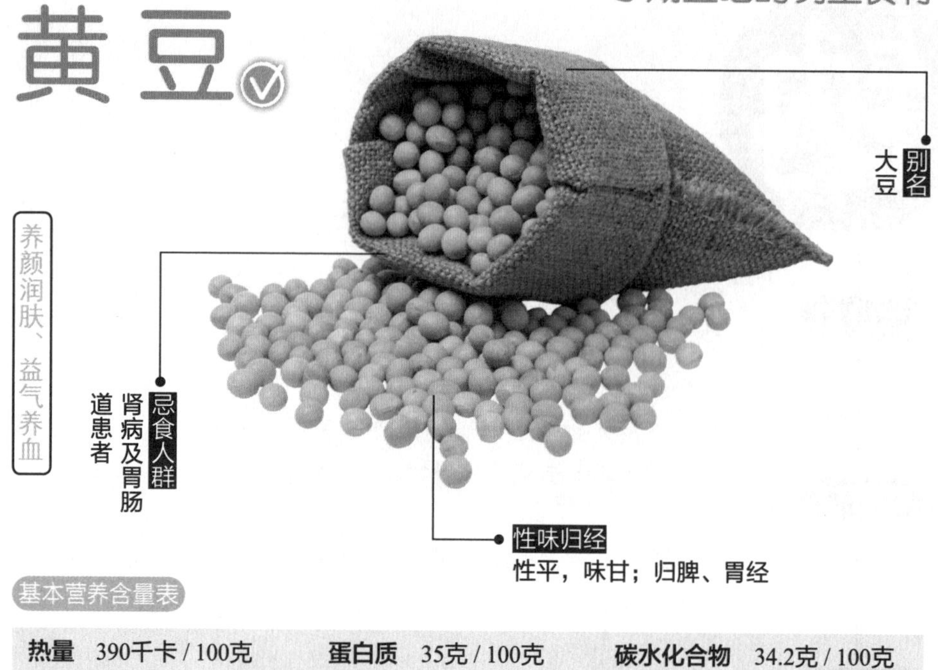


## 基本营养含量表

| | | | | | |
|---|---|---|---|---|---|
| **热量** | 390千卡 / 100克 | **蛋白质** | 35克 / 100克 | **碳水化合物** | 34.2克 / 100克 |
| **脂肪** | 16克 / 100克 | **胆固醇** | — | **膳食纤维** | 15.5克 / 100克 |

## 选购宜忌

以颗粒饱满、大小一致、颜色均匀、无霉烂、无虫蛀、无破皮者为佳。

## 主要营养素

含有丰富的蛋白质、不饱和脂肪酸、人体必需的氨基酸、钙、铁、胡萝卜素、烟酸、叶酸等营养成分。

## 孕妇必备

**黄豆中铁的含量较丰富，且易被人体吸收，非常有利于正在生长发育的胎宝宝以及缺铁性贫血的准妈妈们食用。**

## 其他功效

◎黄豆有一种脂肪物质叫亚油酸，能降低血液中的胆固醇，所以是预防动脉硬化、高血压、高脂血症、冠状动脉粥样硬化性心脏病等的良好食品。

◎黄豆中还含有蛋白酶抑制剂，它对糖尿病有一定的辅助食疗作用。

◎黄豆中所含的卵磷脂是大脑细胞的重要组成部分，常吃黄豆对增强和改善大脑功能、缓解更年期综合征有显著的功效。

## 黄豆牛奶豆浆

材料

黄豆100克，牛奶200毫升。

调料

白糖适量。

做法

❶将黄豆洗净用清水浸泡至软。

❷把泡好的黄豆倒入全自动豆浆机中，加适量水煮成豆浆。

❸在豆浆中加入白糖调味，待豆浆凉至温热时，倒入牛奶搅拌均匀即可食用。

美食有话说 夏季温度过高，浸泡黄豆时，最好放入冰箱冷藏，以免浸泡黄豆的水滋生细菌。

## 香干炒黄豆芽

材料

黄豆芽200克，香干80克，红椒丝20克，蒜片适量。

调料

盐、鸡精、生抽、白糖各少许。

做法

❶将黄豆芽择洗干净；香干洗净切丝。

❷将黄豆芽、香干丝分别焯烫，捞出，沥干，备用。

❸炒锅烧热，加油，加红椒丝、蒜片炒香。

❹放入黄豆芽、香干丝略炒。

❺加盐、鸡精、生抽、白糖调味。

❻出锅装盘即可。

# 芹菜

清热解毒、平衡血压

**别名** 香芹、水芹、药芹

**忌食人群** 脾胃虚寒、血压偏低者

**性味归经** 性凉，味甘、辛；归膀胱、胃、肝经

## 基本营养含量表

| | | | | | |
|---|---|---|---|---|---|
| **热量** | 17千卡 / 100克 | **蛋白质** | 0.8克 / 100克 | **碳水化合物** | 3.9克 / 100克 |
| **脂肪** | 0.1克 / 100克 | **胆固醇** | — | **膳食纤维** | 1.4克 / 100克 |

## 选购宜忌

以新鲜肉厚、致密，菜叶鲜绿，菜心结构完好者为佳。

## 主要营养素

含有蛋白质、脂肪、碳水化合物、胡萝卜素及钙、铁、磷、钾等营养成分。

## 孕妇必备

**芹菜中含有铁，可以有效缓解女性缺铁性贫血，是准妈妈的保健佳品。**

**芹菜中含有利尿成分，能促进人体组织排泄出过量的水分，对缓解孕期水肿具有特殊功效。**

**芹菜具有平衡血压的作用，患有妊娠高血压综合征的准妈妈不妨常吃。**

**芹菜富含矿物质，准妈妈常吃芹菜，可以增加体内的钙和铁，为胎宝宝提供充足的营养。**

## 其他功效

◎ 芹菜中B族维生素的含量较高，钙、磷、铁的含量更是高于一般绿色蔬菜。

◎ 芹菜含酸性的降压成分，可使血管扩张，从而降低血压。

◎ 芹菜是高纤维食物，它经肠内消化产生一种木质素的物质，可以加快粪便在肠内的运转时间，减少致癌物与结肠黏膜的接触，达到预防结肠癌的目的。

## 芹菜炒鱿鱼

材料

鱿鱼1条，芹菜200克。

调料

酱油、盐各1小匙，香油少许。

做法

❶将鱿鱼剖开，切成粗条，汆烫一下捞出，沥干；芹菜洗净，切成段，备用。

❷油锅烧热，倒入芹菜段，加入盐，快速翻炒至芹菜有香味散出，然后倒入鱿鱼条，烹入酱油，翻炒均匀，淋入香油即可。

美食有话说 芹菜可以帮助准妈妈增进食欲，促进消化，可有效预防便秘；鱿鱼中富含的钙、磷、铁等元素，有利于胎宝宝骨骼的发育，可帮助准妈妈预防贫血。

## 芹菜炒肉丝

材料

猪肉50克，芹菜500克，葱花、姜末各适量。

调料

酱油、料酒、淀粉、盐各适量，鸡精少许。

做法

❶将芹菜择去叶，洗净，切长段，焯烫，捞出沥干备用；猪肉洗净切成丝，放入大碗内，用淀粉、酱油、料酒拌好。

❷油锅烧热，放入葱花、姜末炝锅，下猪肉丝，炒至肉丝八成熟时放入芹菜段，略炒片刻，加入酱油、盐，用大火快炒至熟，再放入鸡精拌匀，出锅装盘食用即可。

# 黑木耳

养血驻颜、祛病延年

**别名** 木耳、之耳

**忌食人群** 腹泻、出血性疾病患者

**性味归经** 性凉，味甘、辛；归膀胱、胃、肝经

**基本营养含量表**

| | | | | | |
|---|---|---|---|---|---|
| **热量** | 27千卡 / 100克 | **蛋白质** | 1.5克 / 100克 | **碳水化合物** | 6克 / 100克 |
| **脂肪** | 0.2克 / 100克 | **胆固醇** | — | **膳食纤维** | 2.6克 / 100克 |

**选购宜忌**

以干制前耳大肉厚，耳面乌黑光亮，耳背稍灰暗，长势坚挺有弹性为佳。

**主要营养素**

含有膳食纤维、维生素K、铁、钙、胶质等。

**孕妇必备**

**女性在怀孕期间最容易出现贫血症状，而黑木耳含有丰富的铁元素，准妈妈常吃可有效预防孕期缺铁性贫血。**

**准妈妈为了让胎宝宝健康成长而摄入大量高热量、高胆固醇食物，如果不加强饮食管理，很可能造成脂肪在血管壁内堆积，影响母婴健康，而多吃黑木耳可有效避免这一问题的发生。**

**其他功效**

◎ 黑木耳中的胶质可把残留在人体消化系统内的灰尘、杂质吸附、集中起来排出体外，从而起到清胃涤肠的作用。

◎ 黑木耳具有促进消化道与泌尿道各种腺体分泌的特性，滑润管道，使结石排出。

## 黑木耳炒黄花菜

材料

干黑木耳20克，干黄花菜80克，葱1小段。

调料

素鲜汤100克，水淀粉1大匙，盐适量。

做法

❶将黑木耳用温水泡发后去蒂洗净，撕成小朵；将干黄花菜用冷水泡发，清洗干净，沥干水分；葱洗净，切小段备用。

❷油锅烧热，加入葱段爆香后放入黑木耳、黄花菜煸炒均匀。

❸加入素鲜汤，烧至黄花菜熟后加入盐，用水淀粉进行勾芡即可。

**美食有话说** 此菜可以补气强身、滋养益胃，适合贫血的准妈妈食用。

## 西芹炒黑木耳

材料

西芹80克，黑木耳40克，百合35克，葱末、姜片各适量。

调料

盐、鸡精各适量。

做法

❶西芹洗净，切片；百合洗净，掰成片；黑木耳入清水中浸泡至发后，去蒂洗净，撕小朵，备用。

❷锅置火上，加入适量油，烧热后爆香葱末、姜片。

❸放入西芹片翻炒至熟，然后放入百合片、黑木耳朵，炒至软后，调入盐、鸡精，翻炒均匀即可。

**美食有话说** 鲜百合以个大、瓣匀、肉质厚、色白或呈淡黄色、无霉变者为佳。干百合则以干燥、无杂质、肉厚且晶莹透明者为佳。

# 莴笋

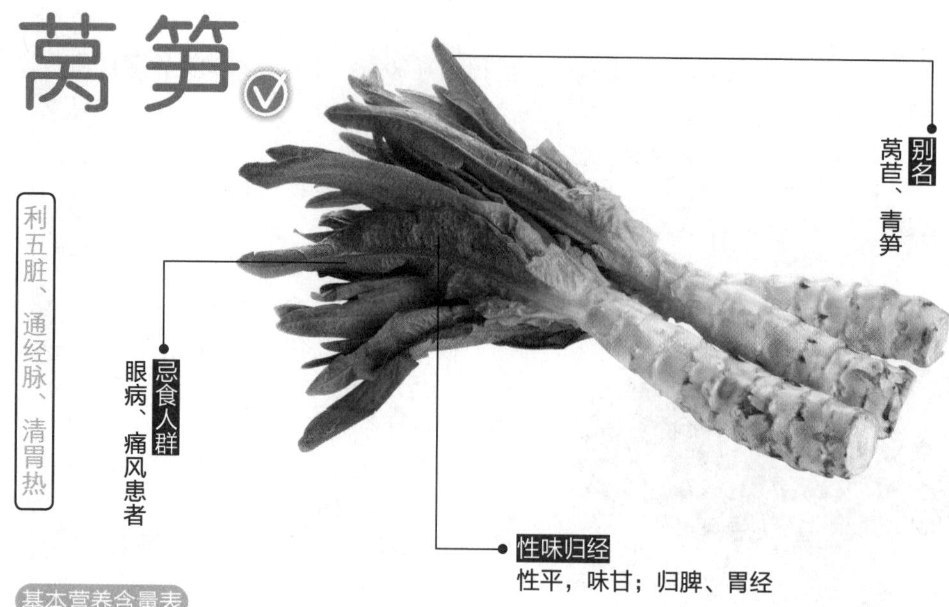


基本营养含量表

| 热量 | 15千卡 / 100克 | 蛋白质 | 1克 / 100克 | 碳水化合物 | 2.8克 / 100克 |
|---|---|---|---|---|---|
| 脂肪 | 0.1克 / 100克 | 胆固醇 | — | 膳食纤维 | 0.6克 / 100克 |

选购宜忌

购买莴笋时，一般以表面洁净、无锈点、无黄叶、烂叶、质地脆嫩、不弯曲者为佳。

主要营养素

含有蛋白质、脂肪、碳水化合物、胡萝卜素、维生素C、钙、磷、铁等。

孕妇必备

**莴笋含有多种营养成分，尤其含钙、磷、铁较多，能促进胎宝宝的骨骼生长，还有坚固牙齿的作用；对于身体虚弱、牙龈出血的准妈妈有很好的改善和调理作用。**

**中医认为，莴笋具有清热利尿、活血通乳的作用，尤其适合孕晚期的准妈妈以及产后少尿及乳汁不足的新妈妈食用。**

其他功效

◎ 莴笋中的钾含量大大高于钠含量，有利于体内的水电解质平衡，促进排尿和乳汁的分泌，对高血压、水肿、心脏病患者有一定的辅助食疗作用。

◎ 莴笋含有人体可吸收的铁元素，对缺铁性贫血患者十分有利。

## 莴笋肉片

材料

莴笋300克，瘦猪肉150克，鸡蛋清、葱段、姜片各适量。

调料

酱油、料酒各少许，盐、醋、淀粉各适量。

做法

❶莴笋去皮，洗净，切薄片；瘦猪肉洗净，切片，用盐、酱油、料酒和蛋清一起搅拌，再用适量淀粉抓匀上浆。

❷油锅烧热，爆香葱段和姜片，再加入瘦猪肉片翻炒，放入莴笋片、料酒、酱油、醋、盐一起翻炒，待熟时加少许水淀粉勾芡，翻炒均匀即可。

## 莴笋两吃

材料

莴笋450克，豆腐皮250克，红椒丝、香菜叶各适量。

调料

白糖、盐各1小匙，醋、鸡精、蒜蓉辣酱各适量。

做法

❶将莴笋去皮洗净，切丝，入沸水中氽烫断生后捞出，过冷水沥干。

❷豆腐皮入沸水中焯烫，捞出沥干。

❸将豆腐皮平铺在案板上，再将一部分莴笋丝放在上面，然后将豆腐皮卷起来后切成小段，放于盘中，点缀香菜叶，用于蘸蒜蓉辣酱吃。

❹将剩余的莴笋丝放在碗中，调入白糖、盐、鸡精、醋和红椒丝搅拌均匀，腌渍入味后即可同豆腐卷一起食用。

# 木瓜

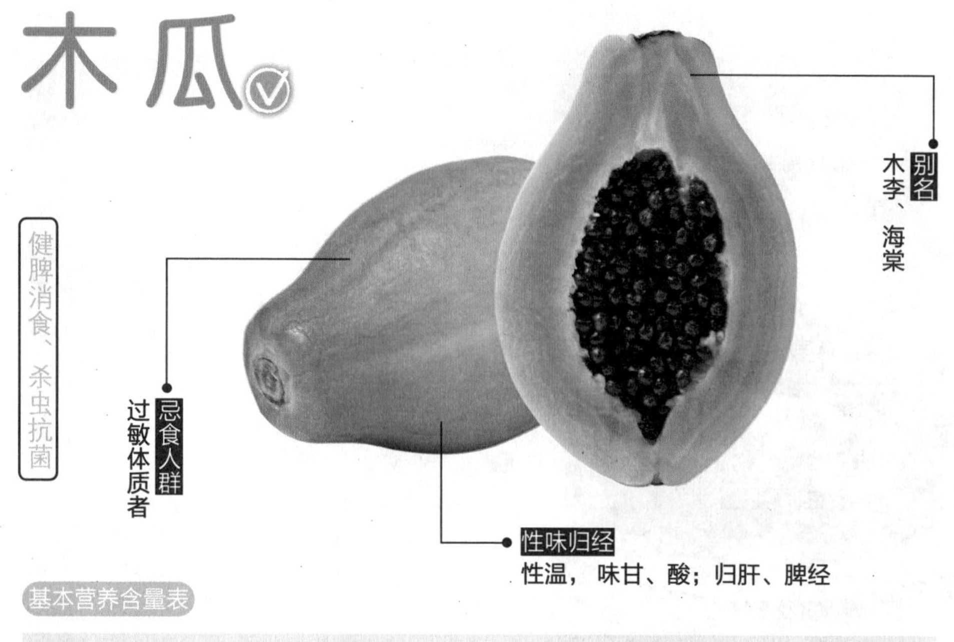


基本营养含量表

| 热量 | 29千卡 / 100克 | 蛋白质 | 0.4克 / 100克 | 碳水化合物 | 7克 / 100克 |
|---|---|---|---|---|---|
| 脂肪 | 0.1克 / 100克 | 胆固醇 | — | 膳食纤维 | 0.8克 / 100克 |

选购宜忌

宜选肉质爽滑可口者，用手触摸果实坚实而有弹性者。

主要营养素

含有丰富的蛋白质、木瓜蛋白酶、胡萝卜素、苹果酸及钙、磷、钾等，同时富含17种以上氨基酸。

孕妇必备

**木瓜的肉质爽滑甜美，营养丰富。它含有木瓜蛋白酶、番木瓜碱、胡萝卜素、凝乳酶等营养成分。木瓜酶能促进人体对食物进行消化吸收，有健脾消食的作用。孕妈妈经常吃点儿木瓜，可调理胃肠功能，增强免疫力。**

其他功效

◎ 木瓜中含有大量水分、碳水化合物、蛋白质、脂肪、多种维生素及多种人体必需的氨基酸，可有效补充人体的养分，增强机体的抗病能力。

◎ 木瓜中的木瓜蛋白酶能分解蛋白质，有利于人体对食物进行消化和吸收，故有健脾消食之功。

◎ 木瓜中所含的木瓜碱和木瓜蛋白酶具有抗结核杆菌及寄生虫（如绦虫、蛔虫、鞭虫、阿米巴原虫）等作用，故常吃木瓜还有助于杀虫抗菌。

## 木瓜烧带鱼

材料

新鲜带鱼350克，木瓜400克，葱段、姜片各少许。

调料

醋、盐、酱油、料酒各适量。

做法

❶将带鱼去鳃、内脏，洗净，切成长段；木瓜洗净，去皮去核，切厚块。

❷沙锅置火上，加入适量清水，放入带鱼段、木瓜块、葱段、姜片、醋、盐、酱油、料酒烧至熟即可。

美食有话说 此菜清香、味美，不仅能帮助产后新妈妈增加乳汁分泌，还可以帮助消化，有助于营养的充分吸收。

## 木瓜枸杞子粥

材料

木瓜90克，香米70克，红豆40克，枸杞子适量，薄荷适量。

调料

无。

做法

❶香米淘洗干净；红豆淘洗干净后，浸泡3小时。

❷木瓜洗净，切开，去皮及籽，取肉，打成蓉。

❸薄荷取汁。

❹锅置火上，倒入适量清水，放入红豆大火煮沸后，转小火煮15分钟。

❺放入香米煮25分钟。

❻最后加入木瓜蓉、薄荷汁、枸杞子煮6分钟即可。

# 葡萄

延缓衰老、抗贫血、健脾胃

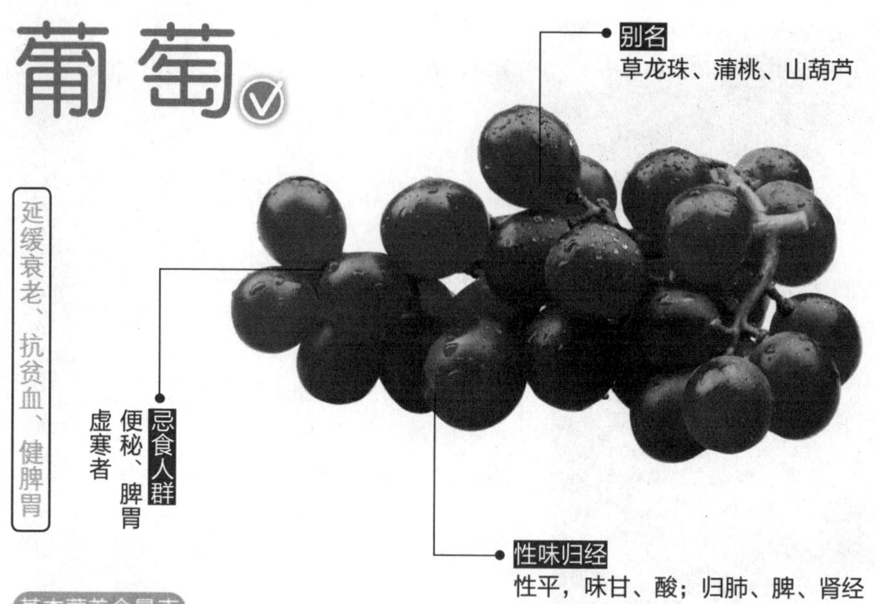

**别名**
草龙珠、蒲桃、山葫芦

**忌食人群**
便秘、脾胃虚寒者

**性味归经**
性平，味甘、酸；归肺、脾、肾经

## 基本营养含量表

| | | | | | |
|---|---|---|---|---|---|
| **热量** | 44千卡 / 100克 | **蛋白质** | 0.5克 / 100克 | **碳水化合物** | 10.3克 / 100克 |
| **脂肪** | 0.2克 / 100克 | **胆固醇** | — | **膳食纤维** | 0.4克 / 100克 |

## 选购宜忌

以果粒饱满，大小均匀，果浆多而浓，味甜，带有香气者为佳。

## 主要营养素

含有钾、钙、磷、碳水化合物、膳食纤维等。

### 孕妇必备

**葡萄富含铁、磷、钙、有机酸、卵磷脂、胡萝卜素及多种维生素等，多吃葡萄可以改善准妈妈血色不足、血压偏低、手脚冰冷等症状。**

**葡萄具有安胎的作用，准妈妈常吃，有利于胎宝宝的健康发育。**

## 其他功效

◎葡萄中所含的类黄酮是一种强力抗氧化剂，可抵抗衰老，并可清除体内氧自由基，阻止癌细胞扩散。

◎葡萄中含有天然聚合苯酚，能与细菌及病毒中的蛋白质化合，使之失去致病能力。

# 葵花籽

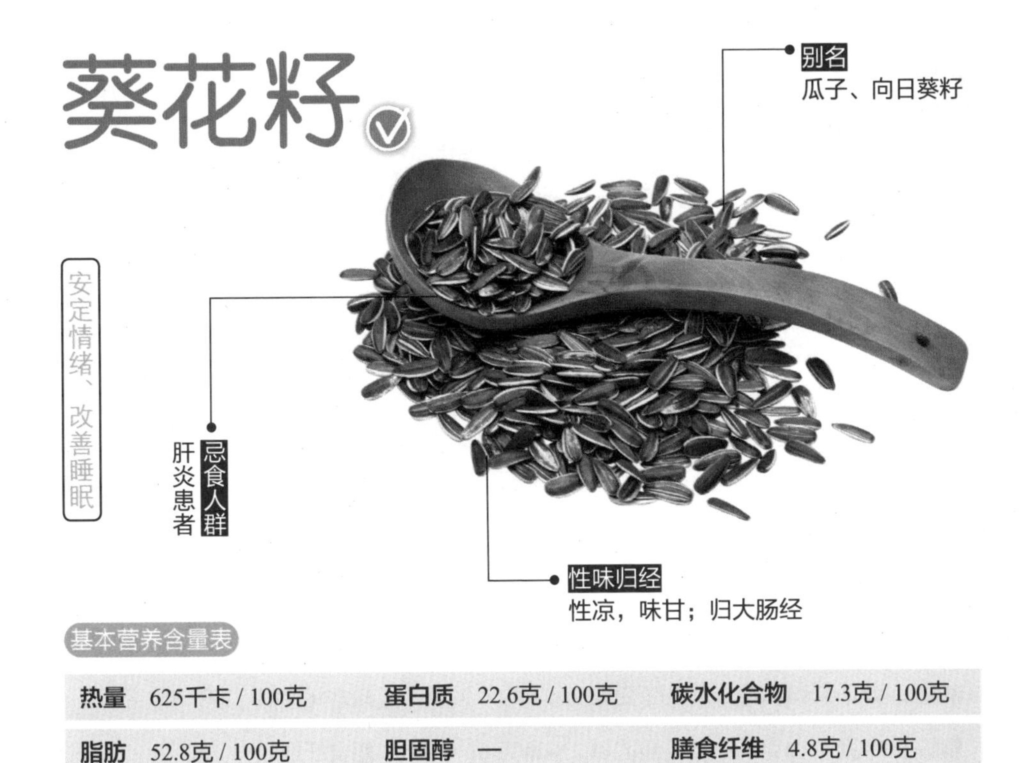

安定情绪、改善睡眠

**别名**
瓜子、向日葵籽

**忌食人群**
肝炎患者

**性味归经**
性凉，味甘；归大肠经

**基本营养含量表**

| | | | | | |
|---|---|---|---|---|---|
| **热量** | 625千卡 / 100克 | **蛋白质** | 22.6克 / 100克 | **碳水化合物** | 17.3克 / 100克 |
| **脂肪** | 52.8克 / 100克 | **胆固醇** | — | **膳食纤维** | 4.8克 / 100克 |

**选购宜忌**

购买葵花籽时，以有黑白相间长条纹、颗粒大、均匀、饱满、壳面有光泽、无哈喇味为宜。袋装的以打开包装袋无油味、易于嗑开、籽仁松脆香甜、味道鲜美者为佳。

**主要营养素**

含有丰富的不饱和脂肪酸、优质蛋白、钾、钙、磷、硒、维生素E、维生素$B_1$。

**孕妇必备**

**葵花籽中含有丰富的铁、锌、钾、镁等，准妈妈适量食用不仅可补充体内的营养素，还有预防贫血的作用。**

**其他功效**

◎ 葵花籽含有维生素E和酚酸，它们是抗氧化物，通过在体内对抗有害的氧自由基而对人体有益，减少心脏病、癌症等慢性病的发病率。

◎ 葵花籽含脂肪可达50%左右，其中主要是油酸、亚油酸等不饱和脂肪酸，可以提高人体免疫能力，抑制血栓的形成，可预防胆固醇、高血脂，是抗衰老和美容的理想食品。

# 牛肉

基本营养含量表

| | | | | | |
|---|---|---|---|---|---|
| **热量** | 125千卡 / 100克 | **蛋白质** | 19.9克 / 100克 | **碳水化合物** | 2克 / 100克 |
| **脂肪** | 4.2克 / 100克 | **胆固醇** | 84毫克 / 100克 | **膳食纤维** | — |

选购宜忌

以表面有光泽，肉质紧实且富有弹性、呈棕红色，筋为白色者为佳。

主要营养素

蛋白质、脂肪、B族维生素、钙、磷、铁和人体必需的氨基酸等成分。

孕妇必备

**准妈妈在怀孕期间对铁和锌的需求量大约是一般人的1.5倍。专家建议，准妈妈应多食用一些牛肉，以保证充足的铁质摄入来维持血红蛋白正常，以载送氧到脑部及其他重要器官。**

其他功效

◎ 牛肉含丰富的酪蛋白、白蛋白、球蛋白，这对提高机体免疫功能，增强体质有益。

◎ 牛肉是高蛋白食品，必需氨基酸含量丰富，B族维生素及钙、磷、铁、锌的成分也很高，有较强的补血作用。

◎ 牛肉蛋白质中有一种叫肌氨酸的氨基酸，吸收后能在人体内迅速转化为能量。另外，肌氨酸还能提供脑细胞活动所需要的能量，有利于大脑发挥功能。

## 西红柿烧牛肉

材料

牛腩200克，西红柿250克，姜、葱各20克。

调料

番茄酱30克，白醋适量，盐适量，白糖适量。

做法

❶将牛腩切小块，汆烫片刻，沥干；姜切末；葱切末；西红柿去蒂，切成大块，备用。

❷油锅烧热，放入姜末炒香，然后放入牛腩块、番茄酱、白醋、盐、白糖翻炒一下。

❸再加入适量水，以大火煮沸，再转为小火炖煮30分钟左右。

❹加入西红柿块续煮1小时，待牛腩块软烂、汤汁略微收干时，撒入葱末，装盘即可。

## 白萝卜牛腩

材料

牛腩300克，白萝卜250克，蒜苗段50克，姜片、蒜末、葱末各适量。

调料

盐、料酒、豆瓣酱、鸡精、蚝油、白糖、水淀粉、香油各适量。

做法

❶将牛腩洗净，切块；白萝卜去皮洗净，切块。

❷锅中加入适量的清水烧开，放入牛腩块汆烫片刻，捞出沥干。

❸油锅烧热，放入姜片、蒜末、葱末、豆瓣酱炒香。烹入料酒，倒入牛腩块略炒。

❹在锅中加适量清水烧沸，加入白萝卜块、盐、鸡精、蚝油、白糖调味。

❺最后撒入蒜苗段。以水淀粉勾芡，淋入香油，出锅装盘即可。

# 豆腐

基本营养含量表

| 热量 | 82千卡/ 100克 | 蛋白质 | 8.1克/ 100克 | 碳水化合物 | 4.2克/ 100克 |
|---|---|---|---|---|---|
| 脂肪 | 3.7克 / 100克 | 胆固醇 | — | 膳食纤维 | 0.4克/ 100克 |

选购宜忌

以颜色微黄，稍有光泽，豆块软硬适度，质地细腻，带有豆香味者为佳。

主要营养素

含有优质蛋白质、碳水化合物及钙、铁、磷、镁等人体必需的多种营养成分。

**豆腐中钙及维生素K的含量较高，是准妈妈怀孕期间必备的健康食品之一。**

**豆腐中的优质蛋白质，不仅可以满足准妈妈自身的生理需要，还能促进胎宝宝的脑细胞增殖，有助于胎宝宝智力的正常发育。**

其他功效

◎ 豆腐不含胆固醇，是高血压、高血脂、高胆固醇及动脉硬化、冠状动脉粥样硬化性心脏病患者的药膳佳肴。

◎ 豆腐是植物食品中蛋白质含量比较高的，含有多种人体必需氨基酸，还含有动物性食物缺乏的不饱和脂肪酸、卵磷脂等。因此，常吃豆腐可以保护肝脏，促进机体代谢，增强免疫力。

# 豆腐鲫鱼汤

材料

鲫鱼1条，豆腐1块，大白菜250克，姜2片，冬笋片、火腿片、水发黑木耳各少许。

调料

盐、料酒各适量。

做法

❶鲫鱼处理干净后加油煎至微黄，放入料酒、姜片、适量清水煮沸。

❷白菜洗净切块，豆腐切成小块，放入蒸碗中，鲫鱼连汤放入。

❸将冬笋片、火腿片、黑木耳放在鱼上面，中火煮20分钟，放入盐调味即可。

美食有话说 大白菜含有维生素及膳食纤维；黑木耳富含多种营养成分，并有养血活血的作用；豆腐中含大量的钙及卵磷脂。此菜非常适合孕妇及新妈妈食用。

# 豆腐豆芽汤

材料

豆腐600克，黄豆芽250克，雪里蕻100克，葱适量。

调料

盐适量。

做法

❶豆腐洗净，切小块；黄豆芽洗净；雪里蕻洗净，切丁；葱洗净，切末，备用。

❷油锅烧热，炒香葱末，然后放入黄豆芽煸炒片刻。

❸再加入适量清水，煮至豆芽熟烂，接着放入雪里蕻丁、豆腐块，转小火煮12分钟。

❹最后放入盐搅拌均匀，煮至入味即可。

# 牛奶

基本营养含量表

| 热量 | 54千卡 / 100克 | 蛋白质 | 3克 / 100克 | 碳水化合物 | 3.4克 / 100克 |
|---|---|---|---|---|---|
| 脂肪 | 3.2克 / 100克 | 胆固醇 | 15毫克 / 100克 | 膳食纤维 | — |

选购宜忌

以奶质新鲜、呈乳白色、带有淡淡的乳香味为佳。

主要营养素

含有蛋白质、脂肪、磷脂、乳糖、矿物质及人体所有的必需氨基酸等营养成分。

孕妇必备

**准妈妈常喝牛奶能有效预防骨质疏松，促进胎宝宝骨骼及牙齿发育。**

**牛奶中含有的矿物质和微量元素都是溶解状态的，而且各种矿物质的比例很合理，容易被人体消化吸收，可以为准妈妈提供丰富的营养。**

其他功效

◎ 牛奶所含的蛋白质中有80%是乳蛋白。人体在消化乳蛋白后会产生肽。研究显示，肽可以促进钙的吸收，使人的情绪稳定，有助于睡眠，同时还可以抑制血压升高、提高人体免疫力。

◎ 牛奶中含有大量乳糖，有调节胃酸、促进胃肠蠕动和消化腺分泌的作用，并有助于乳酸杆菌繁殖，抑制腐败菌生长。

## 鲜奶炖鸡

材料

净鸡半只（约450克），红枣5~6颗，鲜牛奶2杯（煮至微沸），姜2片。

调料

盐少许。

做法

❶将净鸡剁好，洗净去皮，入沸水中汆烫后斩大块，备用；红枣浸软，去核洗净，备用。

❷把鸡肉块、红枣及姜片一同放入炖盅内，注入沸鲜牛奶至八成满，大火隔水炖1.5~2小时，取出，加入盐调味即可。

美食有话说 该菜中，鸡肉可滋补养身，牛奶有美白肌肤的作用，红枣有补血养颜的作用。准妈妈若常饮此汤，可起到美白的作用。

## 花生甜奶汤

材料

花生100克，枸杞子20克，银耳10克，红枣适量。

调料

牛奶1500毫升，冰糖适量。

做法

❶将银耳、枸杞子、花生、红枣洗净，备用。

❷沙锅置火上，放入牛奶，加入所有材料和冰糖同煮，花生煮烂时盛出即成。

美食有话说 牛奶中的色胺酸在人体中可以转换成影响情绪及睡眠的5-羟色胺与褪黑激素，能安定神经，帮助入睡。

# 菜花

基本营养含量表

| 热量 | 26千卡 / 100克 | 蛋白质 | 2.1克 / 100克 | 碳水化合物 | 4.6克 / 100克 |
|---|---|---|---|---|---|
| 脂肪 | 0.2克 / 100克 | 胆固醇 | — | 膳食纤维 | 1.2克/ 100克 |

选购宜忌

宜选购花球成熟度高的菜花，洁白微黄、无异色、无毛花，又以花球周边未散开者最好。

主要营养素

蛋白质、脂肪、碳水化合物、膳食纤维、多种维生素及钙、铁、磷等多种营养成分。

孕妇必备

**菜花中还含有丰富的叶酸，这种物质可以保护胎儿免受脊髓裂、脑积水、无脑等神经系统畸形之害，对胎儿的生长发育同样有着重要作用。**

**菜花的维生素C含量极高，不但有利于人体的生长发育，更重要的是能提高人体免疫功能，预防感冒和维生素C缺乏症的发生，孕期妈妈常食可预防感冒。**

其他营养功效

菜花味道鲜美，有助于提高食欲。另外，菜花中含有的膳食纤维，有助于利尿、通便、清肠健胃，还可缓解便秘。

菜花中丰富的维生素C可帮助肝脏解毒，有效清理体内毒素，排毒养颜。

## 香菇炒双花

**材料**

菜花150克，西蓝花150克，香菇50克，葱适量，姜适量。

**调料**

水淀粉、香油、鸡精、盐各适量。

**做法**

❶将菜花、西蓝花洗净后掰成小朵，香菇用清水冲洗干净、对切；葱洗净切段；姜洗净切片备用。

❷菜花朵、西蓝花朵入加盐的沸水中焯烫，捞出用凉开水冲凉。

❸油锅烧热，放葱段、姜片炝锅，再加盐、鸡精、少许水烧开。

❹将葱段、姜块拣出，再把菜花朵、西蓝花朵和香菇块放入锅中，用大火炒至入味，再用水淀粉勾芡，淋上香油即可。

## 油泼菜花

**材料**

菜花500克，干辣椒20克，姜、葱、香菜各15克。

**调料**

葱油、酱油、虾油、鸡汁、花椒各适量。

**做法**

❶将菜花洗净，掰成小块，放入沸水中汆烫片刻，捞起晾凉；葱、姜、干辣椒分别洗净，切成丝；香菜择洗干净，切成段。

❷将菜花块盛入盘中，调入鸡汁、酱油、虾油，撒入干辣椒丝、葱丝、姜丝、花椒、香菜段。

❸锅内倒入葱油烧热，立即泼在菜花上即可。

# 苹果

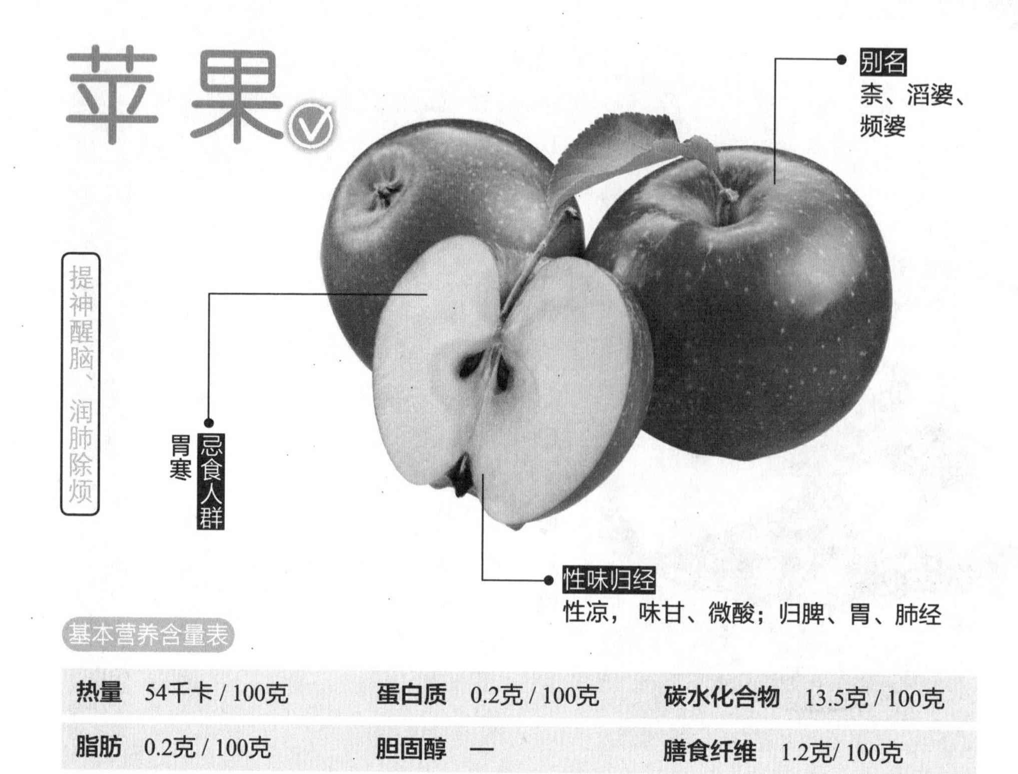


基本营养含量表

| 热量 | 54千卡 / 100克 | 蛋白质 | 0.2克 / 100克 | 碳水化合物 | 13.5克 / 100克 |
| --- | --- | --- | --- | --- | --- |
| 脂肪 | 0.2克 / 100克 | 胆固醇 | — | 膳食纤维 | 1.2克/ 100克 |

选购宜忌

以果皮光洁、颜色艳丽、软硬适中、果皮无损伤、肉质细密、气味芳香者为佳。

主要营养素

含有蛋白质、碳水化合物、膳食纤维、胡萝卜素及铁、锌等成分。

孕妇必备

**准妈妈在孕期会经常出现恶心、呕吐、厌食以及消化不良等症状，如果食用了含有脂肪、蛋白质等高热量的食物，更需要有胃酸及消化酶的“帮助”，才能更好地被消化吸收。而苹果中含有的苹果酸和叶酸，能够反射性地促进胃液及消化酶的分泌，从而有效地改善准妈妈消化不良症状。**

**苹果中的B族维生素等营养成分对胎宝宝的健康成长也具有非常明显的促进作用。**

其他功效

◎苹果中的可溶性纤维果胶能促进胃肠道中的铅、汞、锰的排出，调节机体血糖水平，预防血糖的骤升骤降，还能缓解便秘，降低胆固醇。

◎苹果中的微量元素硼可有效预防钙质的流失，有助于保持骨密度，预防和缓解骨质疏松。

## 苹果粥

材料

小米100克，苹果1个。

调料

无。

做法

❶小米淘洗干净；苹果洗净，去皮，去核，切块。

❷锅置火上，加入适量清水，然后放入小米和苹果块，大火煮沸后转小火，煮至粥稠米烂即可。

美食有话说 1.小米粥不宜太稀薄；淘米时不要用手搓，不能长时间浸泡或用热水淘米。

2.喜欢吃脆的苹果可以在粥煮好后加入煮2分钟。

## 苹果虾仁

材料

虾仁300克，苹果1个，鸡蛋（取蛋清）1个，姜少许。

调料

水淀粉适量，盐少许，料酒少许。

做法

❶准备好材料。姜去皮，洗净，切末；苹果洗净，切块；虾仁放入水中浸泡后，去虾线，洗净。

❷虾仁用盐和料酒腌渍一会儿，然后加入鸡蛋清与水淀粉搅匀。

❸油锅烧热，放入姜末爆香，再放入虾仁炒至七分熟，捞起，备用。

❺将苹果块放入锅中，倒入虾仁，再用水淀粉勾芡，炒至入味即可。

# 香蕉

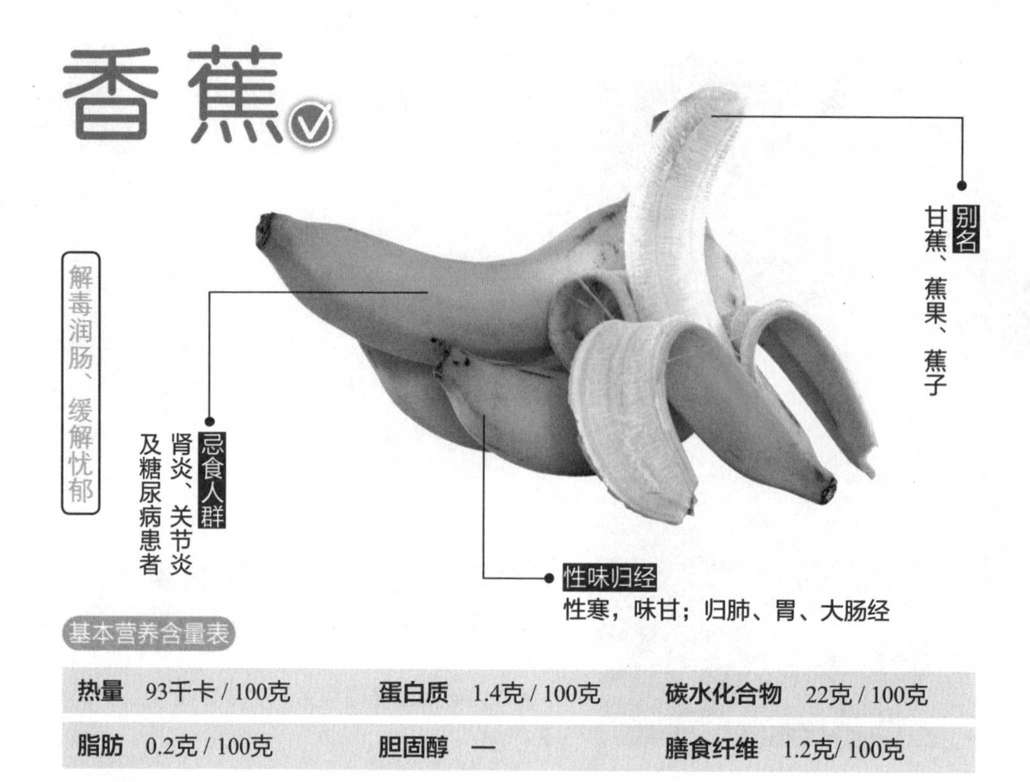


基本营养含量表

| 热量 | 93千卡 / 100克 | 蛋白质 | 1.4克 / 100克 | 碳水化合物 | 22克 / 100克 |
|---|---|---|---|---|---|
| 脂肪 | 0.2克 / 100克 | 胆固醇 | — | 膳食纤维 | 1.2克/ 100克 |

选购宜忌

宜选择果皮呈鲜黄色、无病斑、易剥离，果肉肥壮、色泽新鲜者。

主要营养素

含有蛋白质、碳水化合物、膳食纤维、维生素A、维生素C及钾、镁、磷等。

**准妈妈由于孕期身体的各种不适很容易出现营养不良症状，香蕉则可以快速地为人体提供能量，不失为一个很好的“营养加油站”，并且容易消化。**

**香蕉中含有的叶酸、亚叶酸等也是保证胎宝宝神经系统正常发育的必需营养成分，是避免胎宝宝发生无脑、脊柱裂等严重畸形等的关键物质。**

其他功效

◎香蕉含有蛋白质酶，可以抑制幽门杆菌的生长，从而抑制胃酸的分泌，帮助胃黏膜修复，保护胃部不受胃酸的侵蚀。

◎香蕉含有丰富的果胶，能引起高渗性胃肠液分泌，从而将水分吸附到固体部分，使粪便变软而容易排出。

## 香蕉糯米粥

**材料**

香蕉3根，糯米50克。

**调料**

冰糖100克。

**做法**

❶香蕉去皮，切块；糯米淘洗干净，入清水中浸泡1小时。

❷锅置火上，加入适量清水，然后放入浸泡好的糯米，大火煮沸后，放入冰糖，转小火煮25分钟左右，煮至粥熟烂。

❸最后放入香蕉块，搅匀即可。

**美食有话说** 香蕉具有很好的清肠胃、治便秘的功效，煮粥食用效果会更佳。

## 蕉香馄饨

**材料**

馄饨皮200克，香蕉100克，香芹末少许，面粉适量。

**调料**

沙拉酱适量。

**做法**

❶香蕉去皮，切一半，每半横切成6份，共12小段；面粉加入少量清水调为面糊状。

❷取馄饨皮铺平，香蕉段放在对角线上卷起，涂上面糊，使其封口固定，两边涂面糊，开口处压紧；调料与香芹末混合均匀，备用。

❸将馄饨香蕉卷生坯放入烤箱，烤12分钟，取出后即成，食用时蘸食调料即可。

# 海带

基本营养含量表

| 热量 13千卡 / 100克 | 蛋白质 1.2克 / 100克 | 碳水化合物 2.1克 / 100克 |
|---|---|---|
| 脂肪 0.1克 / 100克 | 胆固醇 — | 膳食纤维 0.5克/ 100克 |

选购宜忌

以叶片厚实、表面带有白色粉末、颜色乌黑者为佳。

主要营养素

含有丰富的营养成分，包括粗蛋白、脂肪、碳水化合物、膳食纤维、钙、铁、碘、岩藻多糖、竭藻酸以及多种维生素。

孕妇必备

**海带不仅是准妈妈最理想的补碘食物，还是促进胎宝宝大脑发育的上好食物。倘若准妈妈缺碘会造成体内甲状腺素合成受影响，直接导致胎宝宝大脑发育不良、智力低下等。**

其他功效

海带含有大量的甘露醇，而甘露醇具有利尿消肿的作用，可预防水肿。同时，甘露醇与海带中的碘、钾、烟酸等物质相作用，对防治动脉粥样硬化、高血压、贫血等疾病有较好的效果。

海带中的碘含量极为丰富，对合成甲状腺素有帮助，而头发的光泽又与体内甲状腺素的水平有关。因此，常吃海带能起到亮发的作用。

## 海带炖肋排

材料

土豆400克，肋排300克，海带结100克，葱花、姜片、蒜片各适量。

调料

八角1粒，老抽2小匙，盐1小匙，白糖适量。

做法

❶海带泡发好；肋排洗净，切块；土豆削皮，洗净，切滚刀块。

❷油烧热锅，加葱花、姜片、八角煸炒出香味，倒入肋排，翻炒均匀。待排骨的肉发紧时，入酱油、加开水，改至中火炖煮。

❸等到肉烂时，入海带结，蒜片，入糖、盐调味，用小火炖熟。

❹最后加土豆，待土豆熟烂，即可出锅。

## 豆腐皮丝炒海带

材料

水发海带200克，豆腐皮丝100克，葱丝25克。

调料

盐、白糖、酱油、香油各适量。

做法

❶将水发海带洗净，切成丝，放入沸水中略焯烫，捞出沥水，上锅蒸熟，取出晾凉后，装盘，备用。

❷将豆腐皮丝洗净，放入沸水中焯烫，备用。

❸油锅烧热，放入葱丝煸香，放入豆腐皮丝。

❹将海带丝倒入锅中，再放入酱油、盐、香油、白糖，拌匀即可。

# 带鱼

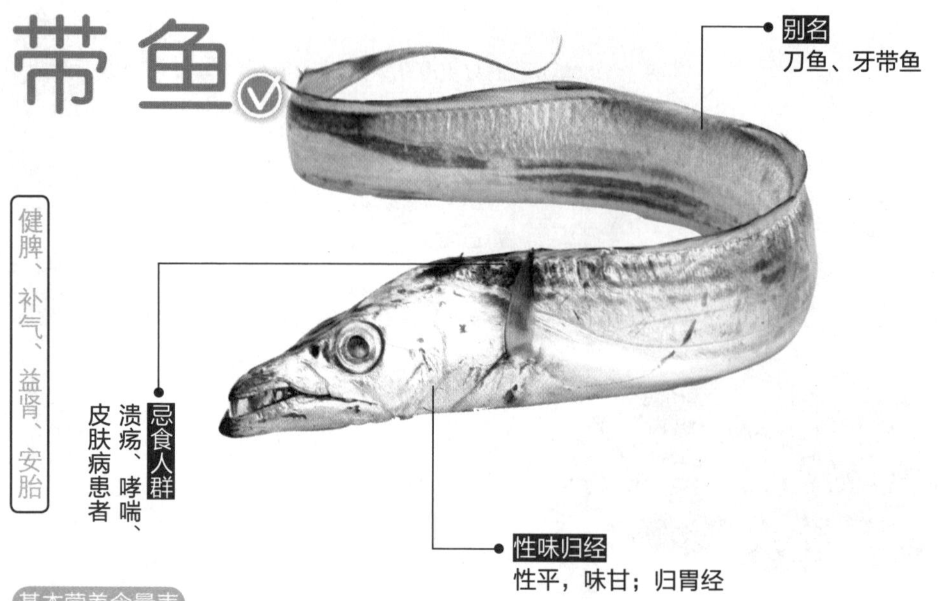

健脾、补气、益肾、安胎

**别名**
刀鱼、牙带鱼

**忌食人群**
溃疡、哮喘、皮肤病患者

**性味归经**
性平，味甘；归胃经

## 基本营养含量表

| | | | | | |
|---|---|---|---|---|---|
| **热量** | 127千卡 / 100克 | **蛋白质** | 17.7克 / 100克 | **碳水化合物** | 3.1克 / 100克 |
| **脂肪** | 4.9克 / 100克 | **胆固醇** | 76毫克 / 100克 | **膳食纤维** | — |

## 烹调宜忌

带鱼本身腥味较重，宜红烧或者糖醋，不宜清蒸；带鱼表面银白色油脂具有防癌抗癌的作用，烹调的时候不宜去除。

## 主要营养素

含有蛋白质，脂肪，维生素$B_1$、$B_2$，烟酸，钙，磷，铁，碘等成分。

### 孕妇必备

**带鱼的蛋白质含量远远高于肉类，并且基本属于优质蛋白质，比较容易被人体吸收，准妈妈常吃可以为胎宝宝的生长发育提供优质蛋白质，以满足自己及胎宝宝的营养所需。**

**带鱼含有丰富的维生素A、维生素D和多种矿物质，不仅可以预防心血管疾病，而且有利于胎宝宝神经系统和大脑的发育。**

## 其他功效

◎带鱼中蛋白质含量十分丰富，其中所含必需氨基酸的量和比例非常适合人体的需要。

◎带鱼中脂肪含量较少，而且多由不饱和脂肪酸组成，人体吸收率可达95%，具有降低胆固醇、预防心脑血管疾病的作用。

## 双椒红烧带鱼

材料

带鱼300克，青椒片、红椒片各少许，姜片、蒜末、葱段各适量。

调料

盐2小匙，干淀粉2小匙，料酒2小匙，红烧调料1包。

做法

❶将带鱼洗净，切段，加料酒、盐、姜片、葱段腌制15分钟；将红烧调料、水入碗，搅拌均匀。

❷用中小火将带鱼段煎至两面金黄，捞出，沥干油分，备用。

❸锅留底油，入蒜末爆香，倒入红烧调料，放带鱼段，大火烧沸后转中小火炖15分钟。

❹放入芡汁，再下入青、红椒片翻炒片刻即可。

## 椒盐带鱼

材料

带鱼段350克，蒜末、葱末各适量。

调料

面粉50克，料酒少许，盐、生抽、鸡精、辣椒粉、椒盐、辣椒油各适量。

做法

❶带鱼段中加盐、生抽、鸡精、料酒拌匀调味，均匀裹一层面粉。

❷锅中注入适量油，烧热，入带鱼段炸至金黄色，捞出沥油。

❸锅留底油，加蒜末、葱末、辣椒粉炒香，倒入带鱼段略炒。

❹加椒盐炒匀，淋辣椒油，出锅装盘即可。

美食有话说 孕妇不宜吃辣，辣椒粉、辣椒油等调料可少加或不加。

# 海参

基本营养含量表

| | | | | | |
|---|---|---|---|---|---|
| **热量** | 262千卡 / 100克 | **蛋白质** | 50.2克 / 100克 | **碳水化合物** | 4.5克 / 100克 |
| **脂肪** | 4.8克 / 100克 | **胆固醇** | 62毫克/ 100克 | **膳食纤维** | — |

选购宜忌

参刺排列均匀、肉质肥厚、含盐量低者为优质海参。

主要营养素

含有蛋白质、脂肪、碳水化合物、维生素A、维生素$B_1$、维生素$B_2$、烟酸、钠、钙、铁、胆固醇、海参黏多糖等。

孕妇必备

**海参具有益智健脑的功效。研究证实，海参的一种刺参中含有的DHA多不饱和脂肪酸对胎宝宝大脑细胞发育起着至关重要的作用。**

**海参能调节人体水分平衡，非常适合孕期下肢水肿的准妈妈食用。**

其他功效

◎海参体内所含的多种氨基酸能够增强人体组织的代谢功能，消除疲劳，增强机体细胞活力。

◎海参含胆固醇低，脂肪含量相对少，对高血压、冠状动脉粥样硬化性心脏病等患者堪称食疗佳品。

◎海参中含有硫酸软骨素，有助于人体生长发育，能够延缓肌肉衰老，增强机体的免疫力。

## 红烧海参

材料

海参100克，竹笋80克，胡萝卜80克，葱1根。

调料

A：高汤150毫升，盐半小匙，鸡精半小匙，白糖半小匙，老抽半小匙，蚝油1大匙；B：水淀粉3小匙，香油2小匙。

做法

❶海参洗净，切长条；葱切段；竹笋、胡萝卜均洗净，切小片；连同海参一起放入开水中焯烫，取出后用冷水浇淋，沥干备用。

❷油锅烧热，以小火爆香做法❶中的材料，加入调料A以大火烧约30秒。

❸勾芡，起锅前淋上香油即可。

## 薯香海参

材料

海参1个，甘薯细丝260克，洋葱丝50克，香菜段少许。

调料

盐、辣椒油、白糖各适量。

做法

❶海参去内脏洗净，放入高压锅中焖15分钟，放入冰水中激发，捞出切成丝。

❷将甘薯细丝放入油锅中炸至金黄色，捞出，沥油。

❸将海参丝、甘薯丝、洋葱丝与所有调料拌匀，撒上香菜段即可。

## 海参沙拉

材料

海参2个，青椒、红木瓜、山药各100克。

调料

沙拉酱、盐、料酒各适量。

做法

❶将红木瓜、山药分别去皮洗净，切成条；海参洗净，纵剖成两半；青椒去蒂及籽，切成条。

❷以上材料分别放入加了料酒和盐的沸水锅中焯烫，熟后捞入凉开水中过凉，捞出沥干。

❸将海参、青椒条、红木瓜条、山药条装入盘中，挤上沙拉酱即可。

## 海参金针菇汤

材料

水发海参200克，西红柿100克，金针菇55克，粉丝、葱、姜各适量。

调料

高汤750毫升，辣椒油、醋、水淀粉、香油、盐、白糖各适量。

做法

❶水发海参洗净，切条，入沸水中焯烫后捞出，沥干；西红柿洗净，切条；金针菇去根洗净，入沸水中焯烫，沥干；粉丝入温水中泡发，切两段；葱、姜分别洗净切丝。

❷锅中倒入高汤，放入海参条、西红柿条、金针菇煮沸，再加盐、醋、白糖调味，接着撇去浮沫，放入粉丝，然后用水淀粉勾芡，加入葱丝、姜丝，最后调入香油、辣椒油即可。

# 橄榄油

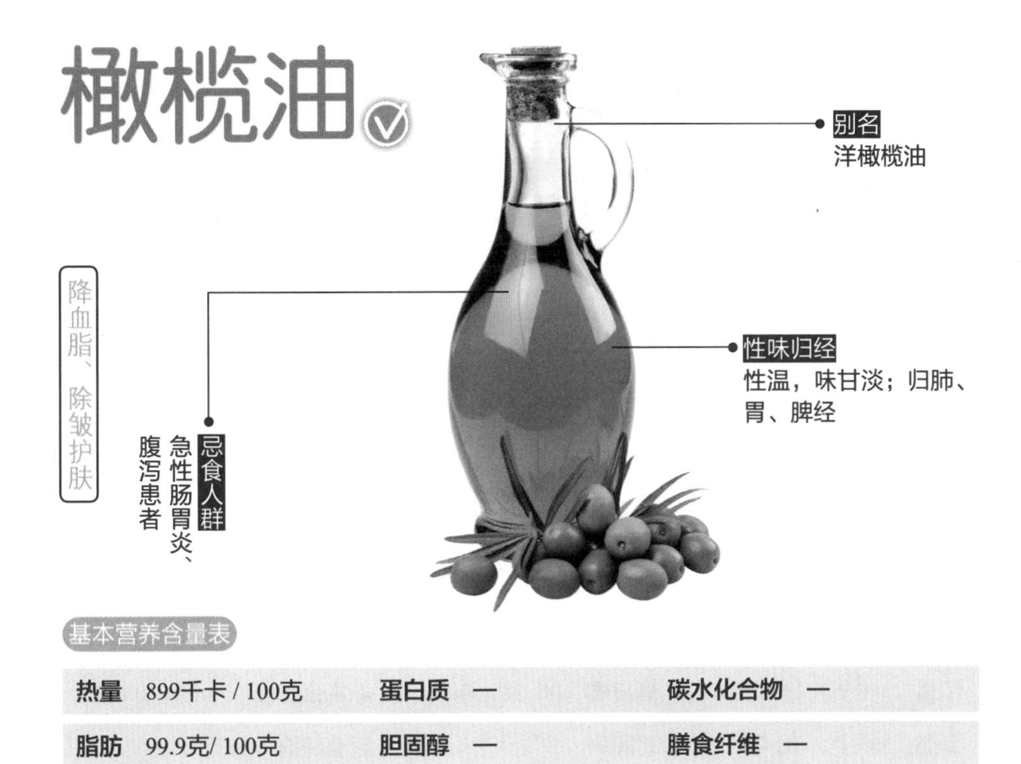


基本营养含量表

| | | | | | |
|---|---|---|---|---|---|
| **热量** | 899千卡 / 100克 | **蛋白质** | — | **碳水化合物** | — |
| **脂肪** | 99.9克/ 100克 | **胆固醇** | — | **膳食纤维** | — |

烹调宜忌

英国营养学专家建议，最好不用橄榄油热炒，只用它进行烹饪点缀。

主要营养素

含有钙、镁、铁、磷和B族维生素等营养素。

孕妇必备

**橄榄油中含有的大量脂溶性维生素，有助于平衡新陈代谢，促进胎宝宝神经系统、骨骼和大脑发育。**

**橄榄油对于改善准妈妈孕期常见的便秘情况非常有帮助。**

**橄榄油所含的多种营养成分，对于肌肤保养非常有益，是准妈妈可以选择的一种安全可靠的美容佳品。**

其他功效

◎ 橄榄油既可以降低血液中低密度脂蛋白的含量，还能维持甚至增加高密度脂蛋白的含量，预防动脉粥样硬化的发生，提高人体和肌肤的新陈代谢。

◎ 橄榄油所含的维生素E及抗氧化剂能有效保护和调理肌肤表层，防止肌肤损伤、粗糙，抗衰老效果很显著，还能淡化因皮下脂肪减少而引起的面部小皱纹。

# 核桃

基本营养含量表

| 热量 | 646千卡 / 100克 | 蛋白质 | 14.9克 / 100克 | 碳水化合物 | 19.1克 / 100克 |
| --- | --- | --- | --- | --- | --- |
| 脂肪 | 58.8克 / 100克 | 胆固醇 | — | 膳食纤维 | 9.5克/ 100克 |

选购宜忌

以色泽光鲜（鲜褐色）、手感重者为佳。经漂白过的核桃表面虽然白净，但没有光泽。

主要营养素

核桃含有蛋白质、脂肪、维生素A、B族维生素、维生素C及钙、铁、磷、锌、锰、铬、镁、亚油酸、不饱和脂肪酸等营养成分。

孕妇必备

**核桃对肌肤具有修复作用，准妈妈常吃可令肌肤红润、有光泽。**

**专家指出，核桃的营养成分对于胎宝宝大脑发育非常有利，准妈妈每天吃适量的核桃，不但能增强自身的抵抗力，还可促进胎宝宝正常发育。**

其他功效

◎核桃所含的丰富的磷脂是细胞结构的主要成分之一。充足的磷脂能增强细胞活力，对促进皮肤细腻、伤口愈合和毛发生长都有重要的作用。

◎核桃油含有不饱和脂肪酸，有预防并缓解动脉粥样硬化的功效。

◎核桃中含有锌、锰、铬等微量元素，可以促进葡萄糖利用、胆固醇代谢，从而保护心血管。

## 核桃仁炒韭菜

材料

韭菜250克，核桃60克。

调料

盐少许，香油15克。

做法

❶核桃仁用开水泡2分钟捞出，沥干；韭菜洗净，切成长段。

❷炒锅烧热，倒入香油，下入核桃仁翻炒至色黄，下韭菜段一起翻炒至熟，撒入盐后装盘即成。

美食有话说 核桃仁表面的一层褐色的薄皮，也含有一些营养成分，吃的时候最好不要将其剥除；另外，准妈妈一次不能吃太多核桃，否则会影响胃肠消化功能。

## 猪腰核桃汤

材料

猪腰500克，核桃仁、枸杞子、葱、姜各适量。

调料

高汤950毫升，盐、鸡精、熟猪油、料酒各适量。

做法

❶猪腰去筋膜，对剖后去猪骚，洗净，切厚片，入沸水中焯烫后捞出，冲洗干净；核桃仁入沸水中焯烫至熟；葱切段；姜切片。

❷锅置火上，放熟猪油烧热，爆香葱段、姜片，然后放入猪腰片煸炒至干，再烹入料酒，倒入高汤，接着放入核桃仁，调入盐，转小火煮25分钟，最后放入枸杞子、鸡精搅匀即可。

# 花生

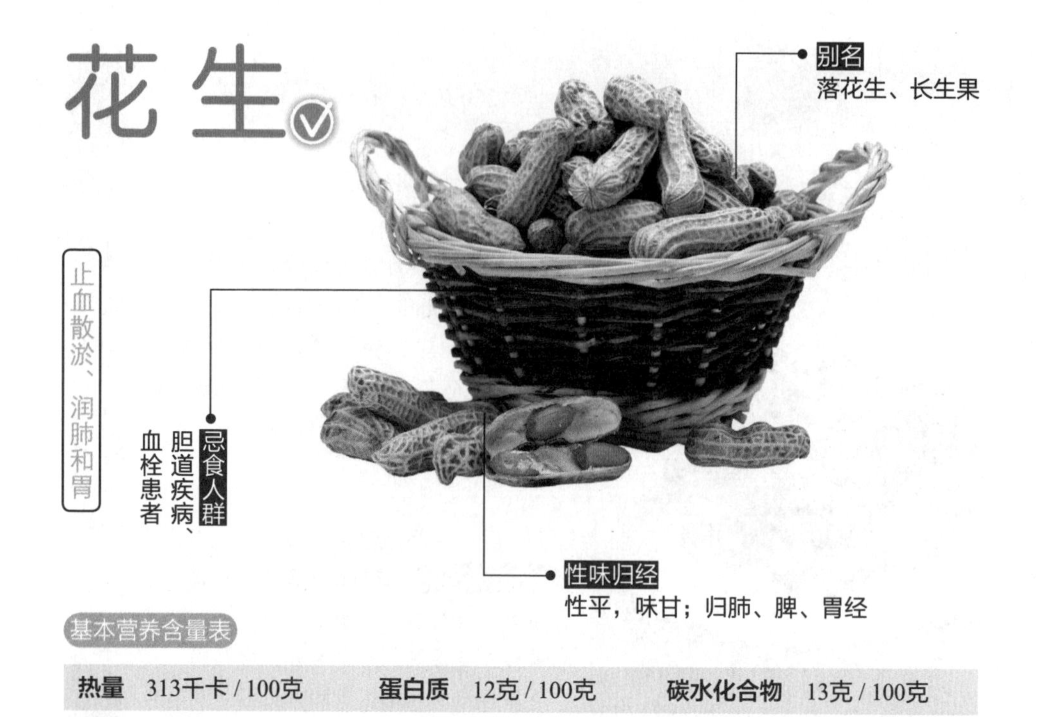


基本营养含量表

| 热量 | 313千卡 / 100克 | 蛋白质 | 12克 / 100克 | 碳水化合物 | 13克 / 100克 |
|---|---|---|---|---|---|
| 脂肪 | 25.4克 / 100克 | 胆固醇 | — | 膳食纤维 | 7.7克 / 100克 |

选购宜忌

优质的带荚花生和去荚果仁均颗粒饱满、形态完整、大小均匀。

主要营养素

含有丰富的脂肪、蛋白质、维生素$B_1$、维生素$B_2$、烟酸，钙、铁含量也很丰富。

孕妇必备

**处于孕期的女性非常容易出现贫血问题，如果不及时治疗会影响母子健康。而花生的红衣能抑制纤维蛋白的溶解，可增加血小板的含量，弥补凝血因子的缺陷，加强毛细血管的收缩功能，促进骨髓造血功能，对各种出血及出血引起的贫血、再生障碍性贫血等病症有明显的改善作用。**

其他功效

◎ 花生内含有人体必需的氨基酸，有促进脑细胞发育、增强记忆等功效。

◎ 花生所含的脂肪酸中大部分为不饱和脂肪酸，这类不饱和脂肪酸具有降低胆固醇的作用，还能预防中老年人动脉硬化和冠状动脉粥样硬化性心脏病的发生。

◎ 花生中含有一种生物活性物质白藜芦醇，可以预防并改善肿瘤类疾病，同时也能降低血小板聚集，可有效预防心脑血管疾病的发生。

# 花生银鱼

材料

干银鱼150克，花生米300克。

调料

盐、白糖、陈醋各适量。

做法

❶将花生米放入热油锅中炸香。

❷将干银鱼放入热油中炸至变色，捞出沥油。

❸将花生米、银鱼放入大碗中，加盐、白糖、胡椒粉、陈醋拌匀即可。

美食有话说 孕期的准妈妈吃花生，对胎儿的大脑发育很有利，但是花生的热量和脂肪含量都很高，准妈妈一次不能吃太多，以免影响胃肠功能，引起上火等。

# 五香花生

材料

花生米500克，葱末、姜片各5克。

调料

盐1大匙，花椒5克，大料3粒，白糖、桂皮、草果、香叶各少许。

做法

❶把花生米洗净，捞出沥干。

❷锅内加适量清水烧沸，放入花生、盐、姜片、葱末、花椒、大料、白糖、香叶、草果、桂皮，改小火煮10分钟。

❸关火后将花生浸泡10分钟，捞出装盘即可。

# 甘薯

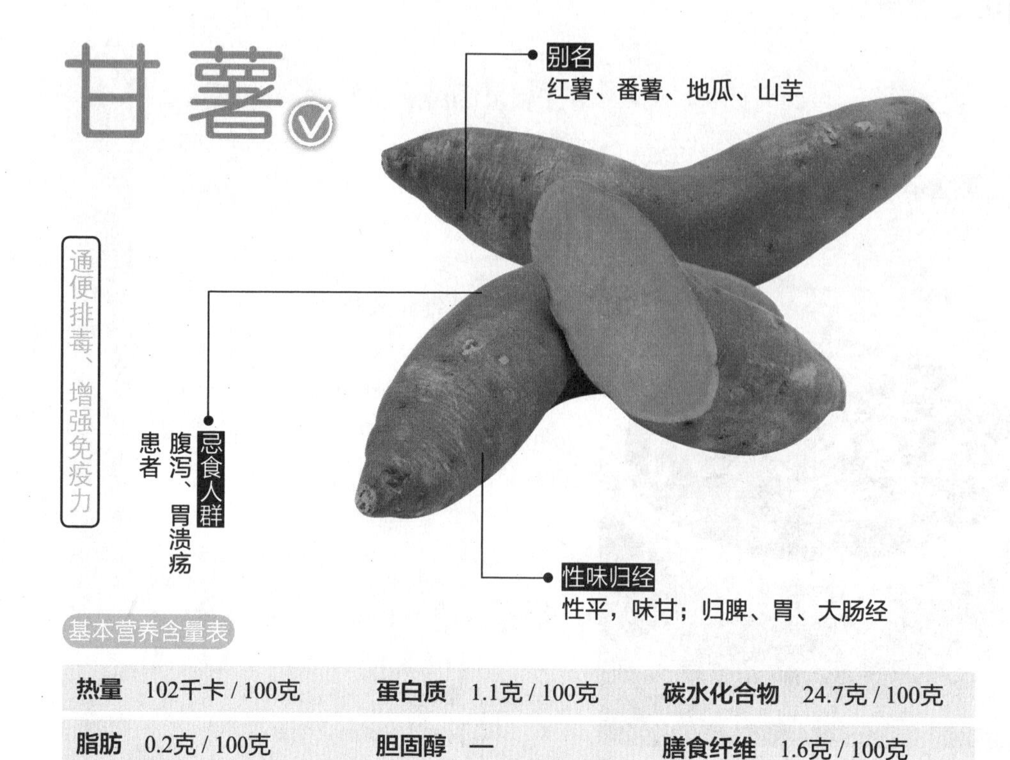


基本营养含量表

| 热量 | 102千卡 / 100克 | 蛋白质 | 1.1克 / 100克 | 碳水化合物 | 24.7克 / 100克 |
| --- | --- | --- | --- | --- | --- |
| 脂肪 | 0.2克 / 100克 | 胆固醇 | — | 膳食纤维 | 1.6克 / 100克 |

选购宜忌

以表面看起来光滑、颜色微红、闻起来没有霉味者为佳。

主要营养素

含有丰富的淀粉、膳食纤维、胡萝卜素、多种维生素及钙、铁、钾、铜、硒等营养成分。

孕妇必备

**甘薯可以促进胆固醇的排泄，防止心血管的脂肪沉淀，维护动脉血管的弹性，从而有效地保护心脏，使准妈妈远离心血管疾病。**

其他功效

◎甘薯含有大量黏液蛋白，能够防止肝脏和肾脏结缔组织萎缩，提高机体免疫力，预防胶原病发生；还可以保持血管壁的弹性，防止动脉粥样硬化的发生。
◎甘薯中的绿原酸，可抑制黑色素的产生，防止雀斑和老人斑的出现。
◎甘薯所含的钙和镁，可以预防骨质疏松症。

## 蜜汁甘薯

材料

甘薯500克。

调料

麦芽糖、蜂蜜各1大匙，桂花糖酱2小匙，白糖适量。

做法

❶将甘薯去皮洗净，切成小块，放入大碗中，加白糖拌匀，静置30分钟，放入蒸锅内蒸熟，取出晾凉。

❷将蜂蜜、桂花糖酱、白糖和清水熬煮成糖汁，晾凉后倒入腌罐内，放入甘薯块，盖上盖腌渍2小时，食用时取出即可。

美食有话说 甘薯最大的特点是富含膳食纤维，有利于肠胃蠕动，能使人排便顺畅，患便秘的准妈妈可适量多吃一些。

## 甘薯莲子粥

材料

大米100克，黑米50克，甘薯1个，莲子25克，花生25克。

调料

无。

做法

❶大米、黑米分别淘洗干净，入清水中浸泡1小时；甘薯洗净，去皮，切滚刀块。

❷锅中加入清水、所有材料，大火煮沸后转小火煮20分钟左右，煮至粥熟烂即可。

美食有话说 甘薯莲子粥不仅能和胃补脾，润养肺燥，易于消化，还有增进食欲的功效，很适合食欲不振的准妈妈食用。

贴心提示

# 孕期三大热点保健品

## 叶酸片

叶酸是一种水溶性B族维生素，有助于人体新细胞的生长。

### 富含叶酸的食物

苋菜、菠菜、生菜、芦笋、油菜、小白菜、豆类、麸皮、面包、动物肝脏、香蕉、橙子、橘子等。

### 叶酸缺乏影响胎宝宝的健康

叶酸参与人体新陈代谢的全过程，是合成人体重要物质DNA的必需维生素。若准妈妈缺乏叶酸，除易导致胎宝宝神经管畸形外，还可能使眼、口唇、腭、胃肠道、心血管、肾、骨骼等器官的致畸率增加。综上所述，叶酸是孕期必补的营养成分，直接关系着胎宝宝的健康。所以，准妈妈在孕期要特别注意多摄取富含叶酸的食物，必要时向医生询问，并适量服用叶酸片。

### 孕前3个月补充叶酸

最好从怀孕前3个月开始补充叶酸，这样准妈妈体内的叶酸就会维持在一定的水平，为胚胎早期发育打造一个良好的营养环境。另外，由于孕早期是胎宝宝

神经管形成的敏感期，只有准妈妈体内的叶酸含量充足，才能满足胎宝宝神经系统发育的需求。

### 不可过量服用叶酸片

值得注意的是，准妈妈服用叶酸增补剂应在医生的指导下进行。宜选择小剂量的叶酸片，小剂量的叶酸片每片仅含0.4毫克叶酸，而市场上出售的每片含5毫克的叶酸片并不适合准妈妈服用，这类叶酸片是专为贫血患者准备的，准妈妈需谨慎选择。如果在孕早期服用了过量的叶酸片，也会对胎宝宝造成不良影响。因此，准妈妈切忌自己滥服药、乱买药。如果自身不是极度缺乏叶酸，最好从食物中摄取叶酸，以保证安全。

## 钙片

钙作为一种营养成分，人体无法制造，必须通过其他途径摄取。同时，钙也是人体中含量最多的矿物质，对人体的骨骼发育起着至关重要的作用。

### 富含钙的食物

乳制品、三文鱼、沙丁鱼、豆腐、核桃、杏仁及深色叶菜类。

### 钙缺乏影响准妈妈和胎宝宝的健康

**◎钙缺乏对准妈妈的影响。**

准妈妈若忽视了钙的补充，很容易造成体内血钙浓度降低，而胎宝宝为了满足自身的发育与成长，会吸收准妈妈体内贮存的钙。一旦准妈妈体内钙的存储量降低过度，就会出现抽筋、腰腿酸痛等现象，严重时甚至还会诱发高血压、骨盆畸形、牙齿松动、骨质软化、产后乳汁不足等症状。

**◎钙缺乏对胎宝宝的影响。**

胎宝宝并不能直接从外界摄取钙，只能借助准妈妈来满足对钙的需求。胎宝宝从母体中得到的钙，其中高达99%的部分用来制造骨骼。

怀孕8个月后，胎宝宝的骨骼与牙齿钙化突然加速，此时对钙的需要量较前几个月更大，如果准妈妈在日常饮食中钙质摄取不足，且没有酌情补充钙片，将严重影响胎宝宝的骨骼及牙齿发育。

### 怀孕6个月后补充钙片

进入孕中期，胎宝宝对钙的需求量就会逐渐增多，因此，准妈妈从怀孕6个月开始，就要开始补钙，这样等胎宝宝的骨骼及牙齿快速发育时，准妈妈就不会吃“缺钙”之苦了，胎宝宝也能健康发育。

### 不可过量服用钙片

许多准妈妈就补钙这一问题存在着盲目性，总觉得补钙多多益善，于是不惜花大价钱购买各种钙片。

经专家证实，补钙过量也会产生许多危害，而且这些危害会同时影响到准妈妈和胎宝宝。

**◎ 钙过量对准妈妈的影响。**

准妈妈补钙过量可能会增加癌症的发病率；还会影响肾功能，增加肾结石的发病率；并影响一些必需元素（如铁、锌、镁、磷等）的利用率。

**◎ 钙过量对胎宝宝的影响。**

准妈妈过量补钙会使钙质沉淀在胎盘血管壁上，从而引起胎盘老化及钙化、羊水分泌量减少、胎宝宝头颅过硬等现象。

钙过量也是胎宝宝不能从母体得到足够营养成分的一个重要原因，还可能延长产程。

## 孕妇奶粉

孕妇奶粉是在牛奶的基础上，添加了一些孕期所需要的营养成分的低乳糖配方奶粉，富含多种营养素，可以为准妈妈和胎宝宝提供充足的营养。

### 喝孕妇奶粉好处多

**◎ 供应自身及胎宝宝的营养需求。**

准妈妈坚持服用孕妇奶粉，可避免自身及胎宝宝出现营养不良的状况，从而促进自身的健康以及胎宝宝的正常发育。

**◎ 让胎宝宝出生后健康状况良好。**

食用孕妇奶粉的女性所生婴儿的身体发育、健康状况都优于不食用孕妇奶粉女性所产婴儿，特别是婴儿的身长、体重、坐高等方面。

**◎ 促进分娩。**

孕妇奶粉中含有丰富的锌元素，而该成分可促进平滑肌收缩，缩短产程，促进顺利分娩，

保证分娩过程中母子平安。

◎ **为乳汁分泌做准备。**

准妈妈坚持服用孕妇奶粉，可促进分娩后的乳汁分泌。一项实验表明，孕期坚持服用孕妇奶粉的女性分娩后乳房分泌的乳汁中微量元素锌、铁、铜等含量较高，这些元素都有利于新生儿的健康生长发育。

### 孕前1年即可开始补充孕妇奶粉

处在备孕阶段的女性，要保证自身健康状况良好，营养全面、充足，这样才能为胚胎提供一个优良的生长环境。这就要求女性朋友们在准备要宝宝前就要开始调整身体的健康状况，患有疾病者需先治疗后受孕，而营养不良者，也需尽快补充营养，以满足怀孕后母子对营养的需求。

### 不可过量服用孕妇奶粉

孕妇奶粉中的营养成分十分丰富，如果过量补充，很可能造成某种元素过量，导致胎宝宝出现营养不均衡的现象。例如，叶酸补充过多会导致锌元素缺乏，导致胎宝宝发育迟缓。孕妇奶粉最好每天喝2杯，早晚各1杯。但由于每个人的饮食习惯不尽相同，膳食结构也不同，所以每个准妈妈对于孕妇奶粉的需求量也不完全相同。准妈妈在服用孕妇奶粉时最好在营养专家的指导下在量上适当地做增减，以免造成某些营养素过量。

## Tips

喝孕妇奶粉要讲究方法

1.根据自己的身体状况合理选择。市面上孕妇奶粉品牌众多，所含成分也各不相同。准妈妈在挑选的时候，应该看清楚每种品牌所含有的成分，了解清楚奶粉的特点，根据自身的需求来选择合适的奶粉。

2.食用量不能擅自增减。虽然每个人的饮食习惯不同，膳食结构不同，对于营养素的摄入量也不完全相同，但孕妇奶粉中所含的各种维生素和矿物质，基本可以满足准妈妈的营养需求。一般来说，孕妇奶粉的产品说明上都会建议准妈妈每天喝1~2杯。

# 孕期10个月营养计划

孕妇的饮食问题通常是家人最关心的问题，因为这不仅关系到准妈妈的身体情况，还影响着胎宝宝的发育状况。这章主要讲解准妈妈怀胎十个月中的饮食宜忌。让准妈妈有个完美孕期，让胎宝宝健康又聪明。

神奇奥妙的生命之旅从此开始了！刚开始几乎不会发生什么特别的症状，即使有些许不舒服，也只是极轻微、类似感冒的感觉而已。只是有些准妈妈因为月经未来就想到怀孕，经过2～3周以后有可能出现身体燥热、内心焦虑不安的情形。

或许你感觉不到生命的孕育，但的确有个生命在腹中和你紧紧相依！不管你是希望就在这个月里怀上宝宝，还是意外怀孕，在生活中你都要开始留意很多事情了。因为，这时的胚胎对各种致畸因素最敏感。

## 瞧一瞧 准妈妈的新变化

一些早期妊娠反应的症状尚未表现出来，因此，准妈妈感觉不到有什么特别的变化和异常，对自己腹中的宝宝没有丝毫感觉。这时候即使去医院做尿妊娠试验、B超检查，也不能明确得知是否怀孕。

假如你计划怀孕，可坚持每天测量基础体温，若基础体温持续高温（37℃左右）超过18日，这可能是腹中的宝宝向你发出的最早的信号。此时，你应该注意自己的身体状况，认真记好妊娠日记。

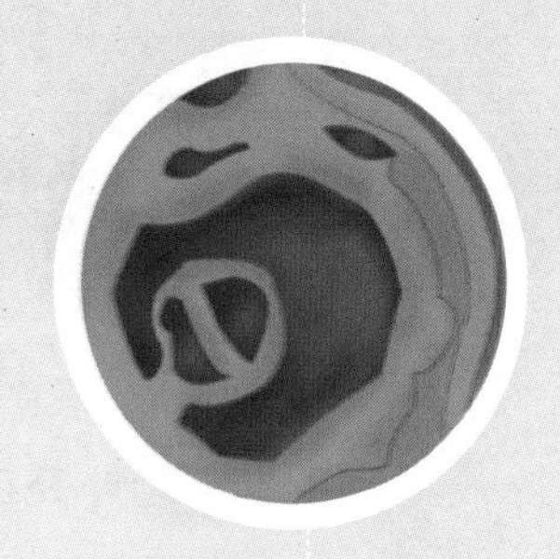

## 看一看 胎宝宝的可爱样

胎宝宝是在孕期的第3周开始在准妈妈体内应运而生的，此时他还只是一个胚胎，只有针尖大小。植入子宫内膜的胚泡逐渐深入，逐步形成羊膜腔，胎盘也在这个时候开始发育。胚泡内部的细胞团已经开始分化成不同的细胞层。外胚层形成胎宝宝的神经系统、皮肤、体毛、头发；中胚层形成胎宝宝的骨骼、骨骼肌、平滑肌、血液循环系统、肝脏、甲状腺、胰腺。

## 补一补 宝宝妈妈都健康

◎准妈妈要养成定时用餐的良好饮食习惯，并宜在正常的三餐之间安排两次加餐。

◎刚刚怀孕的准妈妈应保持心情愉快，在温馨幽雅的环境中进餐，可增进食欲。除了定量用正餐外，准妈妈每天还可进食一些点心、饮料（牛奶、酸奶、鲜榨果汁等）、蔬菜和水果，还应尽量做到不挑食、偏食。另外，准妈妈一定要吃早餐，而且应保证质量。

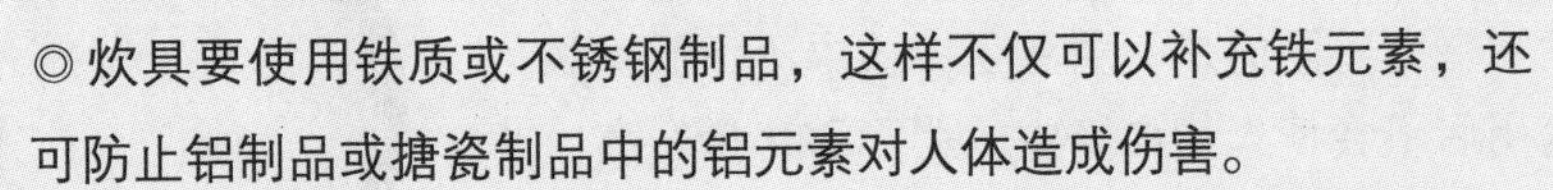

◎炊具要使用铁质或不锈钢制品，这样不仅可以补充铁元素，还可防止铝制品或搪瓷制品中的铝元素对人体造成伤害。

◎食物的加工烹调方法要符合卫生要求，避免各种食物污染，少用调味料，尽量保留食物的原味，以减少营养成分的流失。

## 每天喝点牛奶和豆浆

### 牛奶补充钙质

在整个孕期，准妈妈体内需要储备大量的钙，其中一部分用于自身的营养供应，另一部分则供给胎宝宝，满足胎宝宝的生长发育需求。钙对胎宝宝骨骼的形成有非常重要的影响，如果准妈妈摄入的钙不足，胎宝宝的骨骼就会发育不完全，很容易导致先天佝偻病、软骨症等。牛奶中含有丰富的钙，而且镁、钾、磷等多种矿物质的搭配也非常合理。准妈妈平时多喝牛奶，可以让体内储备足够的钙，从而保证母体的健康，也能保证胎宝宝的正常发育。有些准妈妈认为喝牛奶会增加脂肪的摄入量，同时还有可能使出生以后的宝宝极易发生过敏反应，所以她们会刻意控制着每天牛奶的摄取量。对此，营养专家指出，这样做会限制重要的营养物质的摄取，从而影响胎宝宝的发育，因此准妈妈最好每天喝200～400毫升牛奶，这样准妈妈就可以摄入120毫克钙。有些准妈妈对牛奶中的乳糖不耐受，饮用后会出现腹胀、腹泻等症状。此时只需将牛奶改成酸奶，即可避免发生乳糖不耐症。

●牛奶

### 豆浆补充蛋白质

每100克豆浆中含蛋白质4.5克，所以每天喝一杯豆浆不失为准妈妈摄取优质蛋白质的一个有效途径。而蛋白质是脑细胞的重要组成部分，能够显著地促进胎宝宝的脑细胞发育。而且黄豆中所含的蛋白质是植物中唯一类似于动物蛋白质的完全蛋白质。但与动物蛋白不同的是，黄豆蛋白质中不含胆固醇，所以食用后不会使人体血清中的胆固醇含量升高。此外，黄豆蛋白中还含有人体所必需的8种氨基酸，且配比非常均衡，极易被人体吸收。

●豆浆

## 多吃鱼，宝宝更聪明

准妈妈在孕期经常吃鱼，特别是海鱼，可为胎宝宝的大脑发育补充营养，从而使宝宝更加聪明。但某些重金属含量高的深海鱼则不宜多食。鱼类食物，尤其是海鱼类食物中含有以下营养素。

### 矿物质

沙丁鱼、鲐鱼、鲭鱼等海鱼中含有丰富的钙、磷、铁等矿物质，能促进胎宝宝的生长发育。孕妈妈在孕期期间多吃些海鱼，还能促进宝宝的脑部发育。

●沙丁鱼

### EPA（二十碳五烯酸）

海鱼中富含一种特殊的脂肪酸——二十碳五烯酸，对人体非常有益，且这种脂肪酸人体自身不能合成。二十碳五烯酸具有多种药理活性，可以使血液黏度下降，从而起到预防血栓形成的作用，且能合成前列环素，促进胎宝宝在母体内的发育。

### 氨基酸

鱼肉中含有多种氨基酸，有利于胎宝宝中枢神经系统的发育。中枢神经系统关乎宝宝的身体、智力等的发育，因此准妈妈要多吃些鱼肉。

### DHA（二十二碳六烯酸）

DHA是构成大脑神经髓鞘的重要成分，能促进胎宝宝大脑神经细胞的发育，有效保持脑细胞的活力，延缓脑细胞的老化速度。准妈妈多食富含DHA的鱼类，可以使宝宝出生后更聪明。海鱼中的沙丁鱼、鲐鱼、秋刀鱼、鲭鱼均是DHA的丰富来源，也就是说，准妈妈常吃这些鱼对母胎健康都是非常有益的。

●秋刀鱼

### 蛋白质

鱼肉的蛋白质含量约为15%～24%，而且鱼肉中的蛋白质吸收率很高，约有90%能被人体吸收。

## 多吃十字花科蔬菜益处多

十字花科蔬菜包括白菜类、甘蓝类、芥菜类、萝卜等。具体来说，我们常吃的胡萝卜、西蓝花、紫甘蓝、菜花、大白菜、小白菜、圆白菜、油菜、娃娃菜等，都属于十字花科的蔬菜。这些不仅是市场上常见的蔬菜，也是富含维生素C的优质蔬菜。其中，西蓝花、芥蓝、羽衣甘蓝等深绿色蔬菜中的胡萝卜素和叶酸含量极为丰富，属于最优质的保健蔬菜，准妈妈经常食用，不仅有利于预防心血管疾病，对于胎宝宝的发育也很有好处。比如，孕早期的准妈妈如果常吃白菜，不仅可以补充大量的维生素C，还可起到清热除烦、解渴利尿、通利肠胃的作用。再比如，萝卜也是日常生活中餐桌上的“常客”。对于孕早期的准妈妈来说，萝卜也有着举足轻重的作用。萝卜的维生素C含量是梨的8～10倍，B族维生素和钾、镁等矿物质也很丰富，准妈妈经常食用萝卜，可以促进肠蠕动，有助于体内废物排出，还可以软化血管，并且有助于预防妊娠高血压综合征和缓解食欲不振等不适症状。

## 宜服用孕妇奶粉

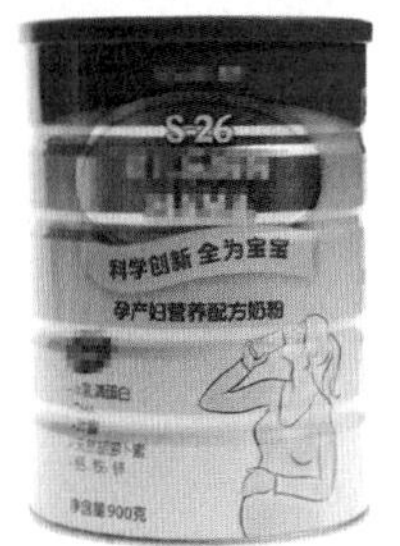

● 奶粉

从营养成分上来看，孕妇奶粉比牛奶营养更全面，是最适合准妈妈的营养品之一。

现在，市场上销售的牛奶大多只强化了维生素A、维生素D和钙等营养成分，而孕妇奶粉几乎强化了准妈妈需要的所有矿物质和维生素。

另外，孕妇奶粉是根据准妈妈怀孕过程中每个阶段的特殊生理需要配制的，能从各个方面满足准妈妈和胎宝宝对营养的需要。

## 水果不能代替蔬菜

很多准妈妈喜欢多吃水果，觉得水果营养丰富，可以为胎宝宝提供大量的营养成分；还有一些准妈妈，一日三餐都用水果代替蔬菜，觉得这样既省去了烹调蔬菜的时间，同时机体所需的营养成分也没有明显缺乏。其实，这样是不科学的。因为准妈妈如果摄入过多水果，甚至用水果代替蔬菜，体内膳食纤维的摄入量就会大大地降低，从而影响人体的新陈代谢。另外，大多数水果中糖分含量较高，过分摄入会影响口腔、牙齿的健康，更严重的还会引发孕期糖尿病。

## 远离咖啡因

咖啡受到很多人的青睐，晨起醒神，工作解乏，午茶休闲，往往都少不了咖啡的身影。但是，对于准妈妈来说，咖啡绝对是不宜多饮的。因为其中的咖啡因有兴奋作用，容易引起流产或早产，还可能使细胞发生变异，引起胎宝宝发育畸形，因而咖啡是危害胎宝宝健康的隐形“杀手”。

## 拒绝酒及酒精饮料

酒精可以通过胎盘进入胎宝宝的血液中，很容易造成流产及早产，也可能造成宝宝出生后先天性异常。

## 准妈妈一日食谱推荐

**早餐**

小米粥、馒头、蛋糕、水煮鸡蛋

**午餐**

米饭、醋熘白菜、鲫鱼烧豆腐、山药排骨汤

**晚餐**

面条、凉拌海带丝、黑木耳炒肉片

**加餐**

香蕉、酸奶

**加餐**

核桃、花生、黑芝麻糊

## 孕1月营养素需求

| | |
|---|---|
| 碳水化合物 | 以每日摄取150克以上为宜。 |
| 蛋白质 | 以每日从饮食中摄取60～80克为宜，其中40～60克应该从鱼、肉、蛋、奶等富含优质蛋白质的食物中获取。 |
| 脂肪 | 可从食物和植物油中摄取脂肪，提供母体和胎宝宝所需的必需脂肪酸。 |
| 水 | 以每日2000毫升左右为宜。 |
| 矿物质 | 吃一些富含锌、钙、铜、磷的食物。 |
| 维生素 | 可以每日少量补充一些叶酸和B族维生素。 |

# 孕1月宜忌食物清单

孕1月胎宝宝的神经系统形成，脑细胞开始发育，需要补充一些叶酸和蛋白质，可适当多吃一些含叶酸和蛋白质丰富的食物。

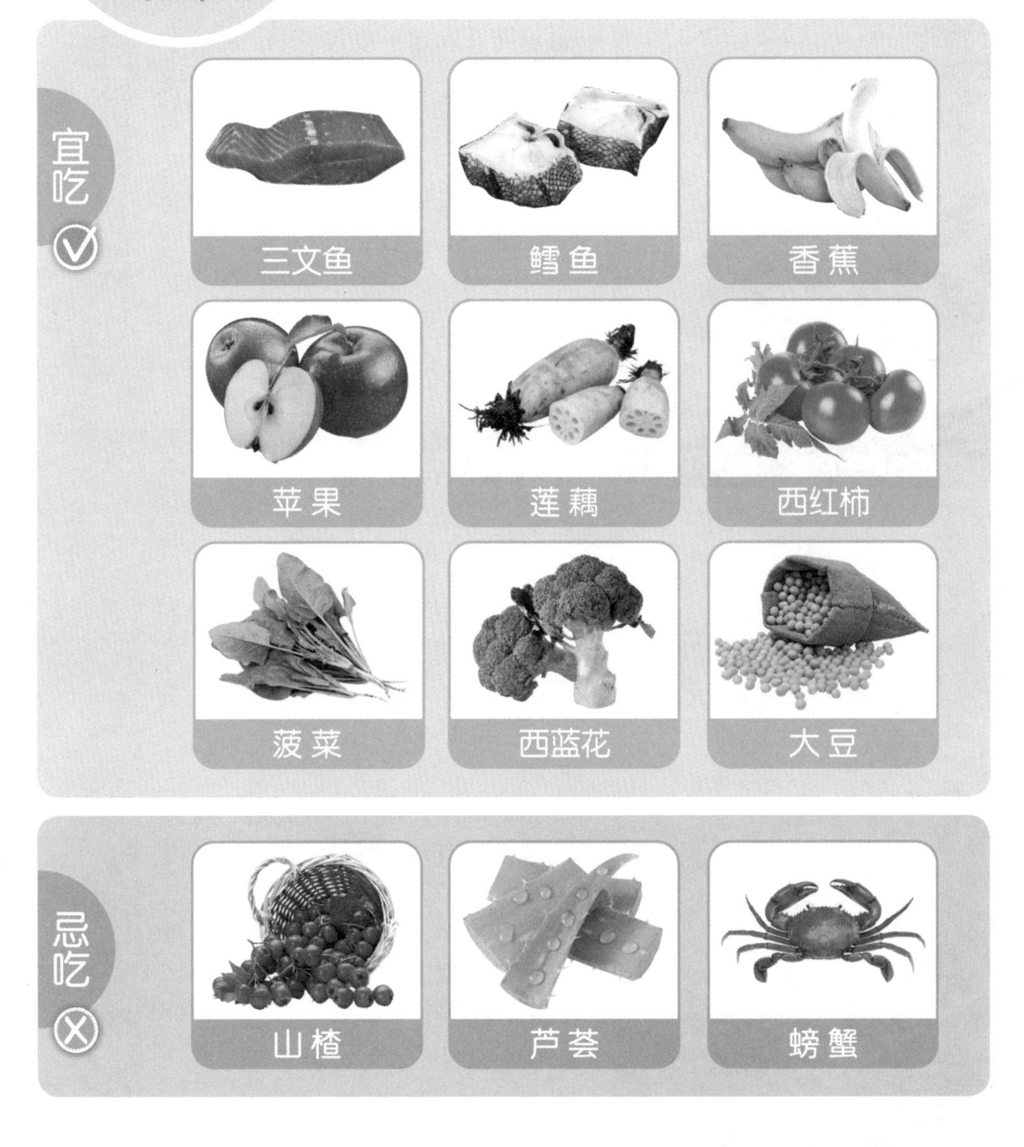


除以上提到的食材外，准妈妈宜吃的还有面包、苏打饼干、麦片、橙汁、苹果汁、樱桃、苋菜、菠菜等，忌吃的还有薏米、马齿苋、桂圆、杏、杏仁、罐头、油条、炸鸡等。

## 荷叶莲藕豆芽

材料

鲜荷叶200克，莲子（水发）50克，鲜莲藕100克，净绿豆芽150克。

调料

盐少许。

做法

❶将荷叶和莲子放入锅中，加适量水，熬汤；莲藕切丝；绿豆芽焯烫断生，备用。

❷锅内加油，放入莲藕丝炒至七成熟，加入绿豆芽和荷叶莲子汤加盐调味即可装盘食用。

美食有话说 此菜能利水消肿，适用于体形肥胖的准妈妈食用。

## 莲子猪肚汤

材料

猪肚1个，莲子40粒，葱花、蒜末各适量。

调料

香油、盐各适量。

做法

❶猪肚洗净；莲子水发去芯，将其装入猪肚内，用线缝合，放入锅内加水炖至熟。

❷熟后待凉，将猪肚切成细丝，与莲子放于盘中，然后加香油、盐、葱花、蒜末拌匀即可。

美食有话说 此菜健脾胃，补虚益气，适用于形体消瘦的准妈妈经常食用，有助于肌肉丰满，增强免疫力。

## 素炒三鲜

材料

竹笋250克，芥菜100克，水发香菇50克。

调料

香油、盐、鸡精、水淀粉各适量。

做法

❶将竹笋切丝，放入沸水中焯烫，入凉水洗净，沥干；水发香菇去蒂，洗净，切丝；芥菜择净切末。

❷油锅烧热，下入笋丝、香菇丝，煸炒数下，加少许清水，大火煮开后转用小火焖煮几分钟，下入芥菜末、盐、鸡精调味，加水淀粉勾芡，再淋上香油即可食用。

美食有话说 竹笋具有低脂肪、高纤维的特点，有助消化的作用；芥菜有下气消食、利尿除湿的作用。此菜能开胃纳食，增强食欲。

## 西红柿枸杞子肉丁

材料

猪肉250克，枸杞子15克，番茄酱50克。

调料

料酒、盐、水淀粉、白糖、白醋各适量。

做法

❶将猪肉洗净，切小丁，用刀背拍松，加料酒、盐、水淀粉拌匀，然后放入七成热的油锅中稍炸捞出，待油热后入锅复炸并捞出，油沸后再入锅炸至酥膨起。

❷枸杞子磨成浆，加入番茄酱、白糖、白醋，做成酸甜卤汁，然后倒入余油中，最后放肉丁拌匀即可。

美食有话说 西红柿富含维生素C、胡萝卜素、蛋白质、微量元素等多种营养成分，而这些成分又是孕期所必需的。

## 栗子焖排骨

材料

猪排骨300克，栗子100克，蒜（白皮）10克。

调料

酱油1大匙，淀粉2小匙，盐1小匙，白糖半小匙，香油适量。

做法

❶排骨洗净，剁成小块，加入盐、白糖、酱油、淀粉、植物油拌匀，腌至入味。

❷将栗子剥去皮，洗净；蒜去皮洗净，切成片备用。

❸油锅烧热，放入蒜片爆香，倒入排骨块，大火爆炒至半熟，然后加入栗子，继续翻炒5分钟左右。

❹加适量清水，小火焖15分钟，淋入香油即可。

## 清炒山药

材料

山药400克，葱、枸杞子各少许。

调料

盐适量。

做法

❶山药去皮，切菱形薄片，用开水汆烫后捞出，沥干水分；葱只取嫩叶，洗净，切成葱花；枸杞子用清水泡软备用。

❷油锅烧热，放入山药片，中火炒熟后加入盐、葱花、枸杞子，翻炒均匀后即可。

**美食有话说** 山药具有健脾补肺、益胃补肾、聪耳明目、调和五脏、养心安神的作用。适量进食山药，可以改善准妈妈在孕早期的情绪，同时还可改善胃口。

贴心提示

## 预防宫外孕

宫外孕是指受精卵因某些原因，在子宫腔以外的部位着床发育，也称异位妊娠。准妈妈如发生宫外孕，须及时终止妊娠，否则会因大量内出血而导致休克甚至死亡。所以，备孕女性和准妈妈都应掌握一些相关常识，这对孕早期诊断和及时处理宫外孕都有很大好处。

### 引发宫外孕的诱因

◎经常抽烟。备孕女性如有抽烟的习惯，应尽快戒除，因为抽烟越多，患宫外孕的风险就越高。

◎患有盆腔炎症。通常是由于淋球菌和衣原体引起感染的结果，这些都是引发宫外孕的常见因素。

◎患有子宫内膜异位症。这有可能引起输卵管内组织受损，也容易引发宫外孕。

◎多次做人工流产。女性做人工流产的次数越多，越容易引发宫外孕。

### 自我诊断宫外孕的方法

◎有停经史。研究发现，70%～80%的宫外孕者有停经史，也有少数女性在下一次月经前就已经发生了宫外孕。这种情况下，有可能将阴道出血误认为是末次月经。

◎阴道出血。如果准妈妈发生剧烈腹痛但无阴道出血，应警惕宫外孕。与此对应，阴道有不规则的出血，色深暗，尿少，则也可能是宫外孕。

◎突发盆骨痛或者腹痛。绝大多数宫外孕患者常有起自下腰部，呈撕裂样、刀割样疼痛，这种突发性剧痛开始会在一侧有强烈刺痛，然后会蔓延到整个腹部，这时要特别警惕是否发生了宫外孕。

◎晕厥与休克。准妈妈还要注意一种特殊情况，就是宫外孕可导致急性大量内出血，伴有剧烈腹痛，引起头晕、面色苍白、脉搏细弱、血压下降、冷汗淋漓甚至出现晕厥与休克。一旦发生这类情况，应立即去医院就诊。

# 教你学会推算预产期

## 准妈妈的预产期如何推算

胎宝宝的出生日期是可以预测的，一般来说，都是从准妈妈最后一次来月经的第一天开始计算，一共会经历280天，胎宝宝即可诞生。这种算法的前提是你的月经周期是规律的，为28天一个周期。如果你的月经周期长于或短于28天，那么你的分娩日期也会相应地提前或者推后。还有一些准妈妈是在刚刚停用避孕药后就怀孕，无法以月经周期来推算预产期，此时只能由医生根据胎宝宝的发育情况来推测预产期。当然，推算出来的预产期并非绝对精确，可能会提前或推后一周，这都是正常的。如果胎宝宝在医生所推算的预产期内并没有出生，也不用担心，一般来说胎宝宝都是安全的，准妈妈可以继续妊娠。如果在医院检查有一些问题，则应该听从医生的安排，并进行引产手术。

## 学会使用EDD表

EDD是预产期（estimated date of delivery）的简称。利用EDD表可快速地推算预产期。使用方法如下：1.在第一列的黑色加粗字体中找出你最后一次来月经的月份。2.然后沿着蓝色的横列找到最后一次来月经的第一天。3.蓝色横列日期下的数字就是胎宝宝出生的日期。4.沿着横列找到第一列非加粗的数字，就是胎宝宝出生的月份。

以下为最后一次月经来潮日期及其与之对应的预产期时间一览表，你不妨对照自身情况找找自己的预产期。

# 你的预产期

| 1月 | 1 | 2 | 3 | 4 | 5 | 6 | 7 | 8 | 9 | 10 | 11 | 12 | 13 | 14 | 15 | 16 | 17 | 18 | 19 | 20 | 21 | 22 | 23 | 24 | 25 | 26 | 27 | 28 | 29 | 30 | 31 |
|---|---|---|---|---|---|---|---|---|---|---|---|---|---|---|---|---|---|---|---|---|---|---|---|---|---|---|---|---|---|---|---|
| 10月 | 8 | 9 | 10 | 11 | 12 | 13 | 14 | 15 | 16 | 17 | 18 | 19 | 20 | 21 | 22 | 23 | 24 | 25 | 26 | 27 | 28 | 29 | 30 | 31 | 1 | 2 | 3 | 4 | 5 | 6 | 7 |
| 2月 | 1 | 2 | 3 | 4 | 5 | 6 | 7 | 8 | 9 | 10 | 11 | 12 | 13 | 14 | 15 | 16 | 17 | 18 | 19 | 20 | 21 | 22 | 23 | 24 | 25 | 26 | 27 | 28 | | | |
| 11月 | 8 | 9 | 10 | 11 | 12 | 13 | 14 | 15 | 16 | 17 | 18 | 19 | 20 | 21 | 22 | 23 | 24 | 25 | 26 | 27 | 28 | 29 | 30 | 1 | 2 | 3 | 4 | 5 | | | |
| 3月 | 1 | 2 | 3 | 4 | 5 | 6 | 7 | 8 | 9 | 10 | 11 | 12 | 13 | 14 | 15 | 16 | 17 | 18 | 19 | 20 | 21 | 22 | 23 | 24 | 25 | 26 | 27 | 28 | 29 | 30 | 31 |
| 12月 | 6 | 7 | 8 | 9 | 10 | 11 | 12 | 13 | 14 | 15 | 16 | 17 | 18 | 19 | 20 | 21 | 22 | 23 | 24 | 25 | 26 | 27 | 28 | 29 | 30 | 31 | 1 | 2 | 3 | 4 | 5 |
| 4月 | 1 | 2 | 3 | 4 | 5 | 6 | 7 | 8 | 9 | 10 | 11 | 12 | 13 | 14 | 15 | 16 | 17 | 18 | 19 | 20 | 21 | 22 | 23 | 24 | 25 | 26 | 27 | 28 | 29 | 30 | |
| 1月 | 6 | 7 | 8 | 9 | 10 | 11 | 12 | 13 | 14 | 15 | 16 | 17 | 18 | 19 | 20 | 21 | 22 | 23 | 24 | 25 | 26 | 27 | 28 | 29 | 30 | 31 | 1 | 2 | 3 | 4 | |
| 5月 | 1 | 2 | 3 | 4 | 5 | 6 | 7 | 8 | 9 | 10 | 11 | 12 | 13 | 14 | 15 | 16 | 17 | 18 | 19 | 20 | 21 | 22 | 23 | 24 | 25 | 26 | 27 | 28 | 29 | 30 | 31 |
| 2月 | 5 | 6 | 7 | 8 | 9 | 10 | 11 | 12 | 13 | 14 | 15 | 16 | 17 | 18 | 19 | 20 | 21 | 22 | 23 | 24 | 25 | 26 | 27 | 28 | 1 | 2 | 3 | 4 | 5 | 6 | 7 |
| 6月 | 1 | 2 | 3 | 4 | 5 | 6 | 7 | 8 | 9 | 10 | 11 | 12 | 13 | 14 | 15 | 16 | 17 | 18 | 19 | 20 | 21 | 22 | 23 | 24 | 25 | 26 | 27 | 28 | 29 | 30 | |
| 3月 | 8 | 9 | 10 | 11 | 12 | 13 | 14 | 15 | 16 | 17 | 18 | 19 | 20 | 21 | 22 | 23 | 24 | 25 | 26 | 27 | 28 | 29 | 30 | 31 | 1 | 2 | 3 | 4 | 5 | 6 | |
| 7月 | 1 | 2 | 3 | 4 | 5 | 6 | 7 | 8 | 9 | 10 | 11 | 12 | 13 | 14 | 15 | 16 | 17 | 18 | 19 | 20 | 21 | 22 | 23 | 24 | 25 | 26 | 27 | 28 | 29 | 30 | 31 |
| 4月 | 7 | 8 | 9 | 10 | 11 | 12 | 13 | 14 | 15 | 16 | 17 | 18 | 19 | 20 | 21 | 22 | 23 | 24 | 25 | 26 | 27 | 28 | 29 | 30 | 1 | 2 | 3 | 4 | 5 | 6 | 7 |
| 8月 | 1 | 2 | 3 | 4 | 5 | 6 | 7 | 8 | 9 | 10 | 11 | 12 | 13 | 14 | 15 | 16 | 17 | 18 | 19 | 20 | 21 | 22 | 23 | 24 | 25 | 26 | 27 | 28 | 29 | 30 | 31 |
| 5月 | 8 | 9 | 10 | 11 | 12 | 13 | 14 | 15 | 16 | 17 | 18 | 19 | 20 | 21 | 22 | 23 | 24 | 25 | 26 | 27 | 28 | 29 | 30 | 31 | 1 | 2 | 3 | 4 | 5 | 6 | 7 |
| 9月 | 1 | 2 | 3 | 4 | 5 | 6 | 7 | 8 | 9 | 10 | 11 | 12 | 13 | 14 | 15 | 16 | 17 | 18 | 19 | 20 | 21 | 22 | 23 | 24 | 25 | 26 | 27 | 28 | 29 | 30 | |
| 6月 | 8 | 9 | 10 | 11 | 12 | 13 | 14 | 15 | 16 | 17 | 18 | 19 | 20 | 21 | 22 | 23 | 24 | 25 | 26 | 27 | 28 | 29 | 30 | 1 | 2 | 3 | 4 | 5 | 6 | 7 | |
| 10月 | 1 | 2 | 3 | 4 | 5 | 6 | 7 | 8 | 9 | 10 | 11 | 12 | 13 | 14 | 15 | 16 | 17 | 18 | 19 | 20 | 21 | 22 | 23 | 24 | 25 | 26 | 27 | 28 | 29 | 30 | 31 |
| 7月 | 8 | 9 | 10 | 11 | 12 | 13 | 14 | 15 | 16 | 17 | 18 | 19 | 20 | 21 | 22 | 23 | 24 | 25 | 26 | 27 | 28 | 29 | 30 | 31 | 1 | 2 | 3 | 4 | 5 | 6 | 7 |
| 11月 | 1 | 2 | 3 | 4 | 5 | 6 | 7 | 8 | 9 | 10 | 11 | 12 | 13 | 14 | 15 | 16 | 17 | 18 | 19 | 20 | 21 | 22 | 23 | 24 | 25 | 26 | 27 | 28 | 29 | 30 | |
| 8月 | 8 | 9 | 10 | 11 | 12 | 13 | 14 | 15 | 16 | 17 | 18 | 19 | 20 | 21 | 22 | 23 | 24 | 25 | 26 | 27 | 28 | 29 | 30 | 31 | 1 | 2 | 3 | 4 | 5 | 6 | |
| 12月 | 1 | 2 | 3 | 4 | 5 | 6 | 7 | 8 | 9 | 10 | 11 | 12 | 13 | 14 | 15 | 16 | 17 | 18 | 19 | 20 | 21 | 22 | 23 | 24 | 25 | 26 | 27 | 28 | 29 | 30 | 31 |
| 9月 | 7 | 8 | 9 | 10 | 11 | 12 | 13 | 14 | 15 | 16 | 17 | 18 | 19 | 20 | 21 | 22 | 23 | 24 | 25 | 26 | 27 | 28 | 29 | 30 | 1 | 2 | 3 | 4 | 5 | 6 | 7 |

# 孕2月 5～8周

## 处于萌芽期的胎宝宝

怀孕第2个月，受精卵已经种植在你的子宫里。由于激素的作用，你的身体开始发生变化，出现一个个怀孕信号。

怀孕的第2～3个月仍然还是流产高发期，属于危险阶段，因此准妈妈应尽量避免做激烈活动，防止流产。同时还要尽量保持心情愉快、情绪平稳、起居规律、睡眠充足，避免身心过劳，想方设法减轻妊娠反应带来的不适，争取多进食，以保证自身和胎宝宝的营养需要。

一般来说，妊娠时准妈妈孕吐多在肚子饥饿时发生，特别是在清晨起床时尤为强烈。此外，经常呕吐会使身体出现脱水现象，因此会加重妊娠反应。

### 瞧一瞧 准妈妈的新变化

出现妊娠反应：清晨起床后感到恶心、胃口差，厌恶油腻食物；嗅觉变得非常敏感，闻到异味会恶心、呕吐；下腹、腰部感到不舒服；外阴也比平时温湿，白色分泌物增多；身体变得疲倦，总想睡觉。

情绪变得不稳定：在这一个月，准妈妈的情绪波动较大，变得多疑、敏感，一些鸡毛蒜皮的小事也能让她大发雷霆。

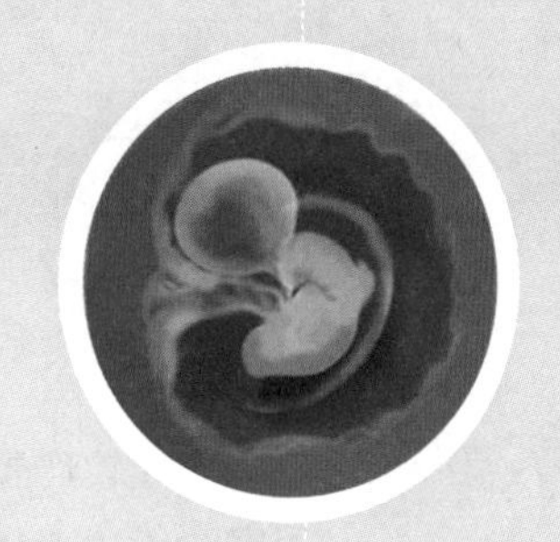

## 看一看 胎宝宝的可爱样

这时，胎宝宝已经进入器官的高度分化和形成期。孕5周时，胎宝宝已具有萌芽状态的手、脚和尾巴；孕7周末长到2厘米左右，体重3～4克，头部占身体总长的一半。这时，头、躯体、手脚开始有了区别，尾巴逐渐缩短，大体上有人形了，但从外表上还分辨不出性别。胚胎浸泡在羊水中，可以自由流动。到了孕8周末长到3厘米左右，体重增加到4克，B超检查可见到早期心脏，并有搏动。

## 补一补 宝宝妈妈都健康

◎孕2月是胎宝宝器官形成的关键期。准妈妈在日常饮食中除了要继续补充必需营养素，还要避免一切可能致畸的因素。不过，准妈妈也不必过于担心，即使不小心吃了一些不该吃的食物，只要不是长期食用，也不会造成严重影响。

◎准妈妈的饮食还是应尽量丰富，一定不能偏食、挑食。另外，准妈妈需继续常食和多食富含叶酸的食物，如牛奶、动物肝脏等。

◎本月胎宝宝对营养素的需求量仍不大，准妈妈只要保持饮食均衡，即可满足胎宝宝的营养需求。如果准妈妈体质和营养状况一直良好，一般不需要特意加强营养。

◎自身营养状况不佳、体质较弱的准妈妈，则需要及早改善营养状况，把增加营养当成孕早期最重要的事。

◎准妈妈如果有恶心、呕吐现象，可以适当吃一些能减轻呕吐的食物，如饼干、烤面包、米粥等。

# 必须知道的准妈妈饮食宜忌

## 食物要多样化

孕吐较严重的准妈妈，日常饮食应做到种类多样，营养丰富。适当食用富含维生素$B_1$、维生素$B_6$的食物，可以增进食欲，减少不适感。食物种类应从简单到多样化，尽可能照顾准妈妈的饮食习惯和口味。

## 早餐要吃好

●早餐

准妈妈出现孕吐现象时，大部分都会有晨起恶心的症状，这是因为长时间没有吃东西，体内血糖含量降低了。所以，准妈妈应注意，孕吐时一定要吃好早餐，可在早晨起床前先吃点富含蛋白质、碳水化合物的食物，如牛奶加小面包。食后稍等一会儿再起床，可有效缓解孕吐症状。

## 宜吃的酸味食物

◎酸奶。含有丰富的钙、优质蛋白质以及多种维生素和碳水化合物，可以帮助准妈妈增强对营养的吸收，还有助于排出有毒物质。

◎酸味蔬果。杨梅、柑橘、西红柿、猕猴桃、青苹果等蔬果，都带有天然的酸味。这些酸味蔬果含有充足的水分和膳食纤维，不但可以帮助准妈妈增加食欲、促进消化，还有利于准妈妈预防便秘，强化对子宫和胎宝宝正常发育的保护能力。

## 定时饮水，及时补充水分

水有稀释血液的作用，可以降低体内有毒物质的浓度，并借助肾脏排出体外。孕期，准妈妈的血容量不断增加，这就需要更多的水分来进行排毒。如果准妈妈摄入的水分不足，很可能导致体内代谢失调，甚至代谢紊乱，引起疾病。准妈妈最好将饮水定时化，可以每两个小时喝一杯水，不要等口渴了再喝水。

## 宜少食多餐

孕期，准妈妈应少食多餐，可坚持一天5～6餐，每2～3小时进食一次。如果准妈妈在进食后发生呕吐，也不必着急，可以听听音乐、散散步，待呕吐症状缓解后再次进食。如果准妈妈的孕吐反应不是很强烈，则要抓紧机会适当增加食量，补充营养，必要时可在睡前适量加餐。

## 多吃瘦肉好处多

瘦肉营养丰富，富含蛋白质、脂肪、碳水化合物、矿物质及维生素等多种营养素，这些都是维护准妈妈健康和胎宝宝发育不可缺少的营养物质。其中，尤以铁和蛋白质最为突出，更易被准妈妈吸收利用。

## 不宜生食海鲜

海鲜类食品，如鱼、虾、鲜贝、牡蛎、田螺等食物中都含有大量的营养成分，不仅有助于胎宝宝的神经系统发育，还能够为准妈妈提供全面的营养，从而改善准妈妈的健康状况，非常适合准妈妈食用。但海鲜类食品最好熟食，否则有致病的危险。有一些准妈妈为了满足口腹之欲，有生食海鲜的爱好，或拌、或炝、或腌渍，大快朵颐。其实生海鲜中往往含有大量的致病菌，尤其是在现今水域普遍受到一定污染的情况下，准妈妈摄入口中的海鲜很可能是含菌带毒的危险物品。鱼和虾体内往往潜藏着肉眼看不到的线虫；田螺的带菌率更是高达15%～35%。即使是腌渍、炝过的海鲜，其中也还会有一些寄生虫。如果准妈妈生吃这些海鲜，很容易将霍乱、痢疾、伤寒等肠道病菌带入体内，导致准妈妈患上传染性疾病，更严重者甚至还会刺激子宫收缩，造成流产或早产。

## 饮食忌过多或过少

有的准妈妈偏食、挑食的习惯很严重，遇上自己喜欢吃的菜，就吃得多些，一旦控制不住，就会吃得过饱。而遇上不喜欢吃的菜，准妈妈又会少吃或不吃，结果就会形成饥饱不一，长此以往，孕期所需的营养很难得到保证，对自己的身体健康和腹中胎宝宝的生长发育都不利。

### 吃得太多

准妈妈对饮食不加节制，会增加肠胃负担，造成肠胃不适，还易造成胎宝宝供血不足，影响生长发育。如果准妈妈长期饮食过量，不但胃肠会不堪重负，还会造成胎宝宝发育过大，从而导致难产。

### 吃得过少

准妈妈如果吃得过少，胎宝宝就得不到足够的营养。尤其是有些准妈妈由于受到早孕反应的干扰而不愿吃饭，本人虽然并不觉得饥饿，但实际上已影响到自身健康及体内胎宝宝的生长发育。

## 热性香料危害多

热性香料的种类很多，做菜调味时会经常用到，比如，八角、茴香、小茴香、花椒、胡椒、桂皮、五香粉、辣椒粉等，这类香料用量过多会对准妈妈的身体健康不利。给准妈妈做的菜肴中如果大量使用热性香料，有可能会导致便秘或粪石梗阻。因为怀孕期间，准妈妈的体温会相应增高，肠道变得也较干燥，而香料性大热，具有刺激性，一旦过量食用，很容易消耗肠道水分，使胃肠腺体分泌功能减弱，从而造成肠道干燥、便秘或粪石梗阻。

## 避免经常食用油条

准妈妈应尽量避免食用油条。主要原因在于油条中的铝元素会影响胎宝宝大脑发育。因为炸油条时，明矾的使用率较高，而明矾中含有数量相当多的铝元素，准妈妈如果经常吃油条，就会摄入大量的铝元素，日积月累，摄入的量就会相当惊人。实验表明，准妈妈体内的铝元素可以通过胎盘侵入胎宝宝的大脑，影响胎宝宝的大脑发育，增加生育痴呆儿的概率。

## 准妈妈一日食谱推荐

**早餐**
牛奶、花卷、生姜红糖荷包蛋、橙子

**午餐**
米饭、香椿拌豆腐、胡萝卜炒牛肉、凉拌西红柿

**晚餐**
蛋花麦片粥、醋拌萝卜丝、芹菜香干、红烧黄鱼

**加餐**
烤馒头片、少量坚果

**加餐**
橘子、鱼片干

## 孕2月营养素需求

|  |  |
| --- | --- |
| 碳水化合物 | 以每日摄取150克以上为宜。 |
| 蛋白质 | 以每日80克左右为宜，不宜过量。 |
| 水和矿物质 | 每日要注意多喝水，并且多吃富含矿物质的食物，平衡准妈妈因呕吐而导致的水盐代谢失衡。 |
| 维生素 | 每日必须补充适量的维生素A、B族维生素、维生素C等。 |

### Tips

猪肝中含有丰富的维生素A，能维持机体正常的生长。而且猪肝中还含有丰富的铁质，是补血佳品，可以改善准妈妈贫血症状。

# 孕2月宜忌食物清单

孕2月胎宝宝的视觉、听觉、大脑等神经开始形成，心脏、肝、胃等内脏器官初具原形，逐渐具备人的形态，准妈妈这个时候开始有各种程度的妊娠反应，这个阶段主要需要补充维生素C、维生素$B_6$，根据这个特点饮食的宜忌清单如下：

除以上提到的食材，适合孕吐时吃的食物有：柑橘、麦片、瘦肉、香蕉、全麦面包、鸡蛋、干果等；准妈妈忌吃的食物还有阿胶、酸菜、山楂等。

## 茯苓黑芝麻粥

材料

大米100克，核桃仁50克，茯苓20克，黑芝麻20克。

调料

盐、香油各少许。

做法

❶大米淘净；核桃仁用热水浸泡；茯苓研碎，备用。

❷沙锅置火上，倒入浸泡好的大米和茯苓碎，再倒入适量清水，大火煮沸后，转小火焖煮25分钟。

❸放入核桃仁、黑芝麻，再煮20分钟，煮至粥稠米烂，最后加盐、香油调味即可。

美食有话说 茯苓具有健脾补中、利水渗湿、宁心安神的功效，故该粥适宜患有心神不安、心悸、失眠等症的准妈妈食用。

## 绿豆芽烧鲫鱼

材料

鲫鱼1条，绿豆芽25克，熟五花肉50克，葱段、姜片各适量。

调料

盐、料酒、酱油、醋、水淀粉、清汤各适量。

做法

❶鲫鱼两面切十字花刀，抹上盐、酱油腌制10分钟，再下入七成热的油锅中炸透捞出；熟五花肉切片，放盐稍腌；绿豆芽洗净。

❷油锅烧热，下入葱段、姜片煸出香味，下入肉片翻炒，加料酒、酱油、清汤，下入炸好的鲫鱼，加盐、醋烧透入味。

❸放入绿豆芽略烧至熟，用水淀粉勾芡，出锅装盘即可。

## 菠萝银耳

材料

菠萝200克，水发银耳150克。

调料

冰糖、蜂蜜各适量。

做法

❶将菠萝去皮，洗净后切成块；水发银耳去根洗净，撕成块。

❷将冰糖、蜂蜜混合，调拌至冰糖溶化，倒入菠萝块、银耳块拌匀，放入冰箱冷藏10分钟即可。

美食有话说 银耳有补脾开胃、滋阴润肺的功效，适合孕早期食欲不振的准妈妈吃，同时也有润肤美容的功效，可以常吃。

## 橙汁土豆浸银耳

材料

土豆200克，银耳80克，橙汁100毫升，枸杞子适量。

调料

白糖10克，白醋5克。

做法

❶土豆去皮洗净，切成片；银耳、枸杞子分别泡发洗净。

❷土豆片放入沸水中焯烫熟，捞出沥干，摆盘；银耳、枸杞子分别放入沸水中焯烫，捞出装盘，调入白糖和白醋拌匀。

❸最后在盘中淋入橙汁静置20分钟即可食用。

## 玉米碧绿沙拉

材料

圆白菜、玉米粒各200克。

调料

沙拉酱适量。

做法

❶圆白菜洗净，切成块。

❷将圆白菜块放入沸水锅中稍焯烫，捞出沥干；玉米粒洗净，焯烫熟后捞出。

❸将圆白菜块和玉米粒一起装入大碗中，最后淋上沙拉酱拌匀即可。

美食有话说 玉米粒应选用新鲜的甜玉米粒，其口感会更加鲜甜爽口，此菜也可作为准妈妈的零食，有清肠通便之效。

## 西蓝花汤

材料

西蓝花200克，熟玉米粒50克。

调料

盐适量。

做法

❶西蓝花洗净，掰小朵备用。

❷西蓝花朵入沸水中焯烫熟，捞出，备用。

❸锅中加适量清水煮沸，放入西蓝花朵、熟玉米粒，加盐煮匀即可。

美食有话说 玉米可调中开胃、益肺宁心、清湿热；西蓝花含有大量的膳食纤维。两者搭配食用，有益增强体质。

贴心提示

# 孕早期食欲不振的应对方法

孕早期，随着胃酸的分泌量越来越少，消化酶的活力大大降低，准妈妈经常感觉不到饿，或者看见油腻的食物就会觉得恶心，没有胃口，通常还伴有胸闷、乏力、恶心、呕吐、头晕、偏食等症状，严重者甚至会出现无法进食的情况。

## 影响及危害

准妈妈食欲不振，摄入的食物会相对减少，体内的各种营养素也会随之缺乏，不仅影响准妈妈的身体健康，还会影响胎宝宝的发育。如果准妈妈出现严重的食欲不振情况，根本无法进食，则往往会营养不良，有可能导致胎宝宝出现先天畸形。

## 食欲不振的应对措施

准妈妈在进食过程中要尽可能地保持愉快的心情，好心情对缓解孕期产生的食欲不振症状有积极作用。准妈妈在进食的同时可以试着听听轻松、舒缓的音乐，这样的音乐有助于减轻准妈妈孕早期所产生的烦躁、不安等情绪，从而间接增强准妈妈的食欲，缓解食欲不振症状。

在烹制菜肴时，可以花费一些心思，尽量使做出来的菜有不错的品相，这样也可以刺激准妈妈的食欲。比如在凉拌西红柿时，可以把西红柿摆成一个规则的形状，如一朵花或者一个笑脸；还可以在盘子底下衬一片生菜叶，使颜色更加鲜明。

## 对症食材推荐

西红柿。西红柿颜色鲜艳、酸甜可口，能刺激人的食欲。我国的中医典籍《陆川本草》中也记载西红柿“生津止渴，健胃消食。治口渴，食欲不振。”

# 孕早期早孕反应的应对方法

孕2月时准妈妈会出现早孕反应，具体表现为恶心、呕吐、头晕、乏力、倦怠、发热等症状，伴有乳房胀痛、乳晕颜色变深等现象，有的准妈妈还会出现流鼻血、心动过速等症状。这些都是准妈妈正常的生理反应，一般在怀孕第6周出现。

## 影响及危害

一般的早孕反应会随着时间逐渐缓解，而且对生活和工作的影响不大，不需要特殊处理。但有些准妈妈也会有妊娠剧吐的症状，不仅晨起后恶心呕吐，只要看到食物、闻到食物的味道，尤其是油腻食物的味道，就会发生呕吐情况，而且呕吐物中夹杂有胆汁或棕褐色渣样物质。这种妊娠剧吐会导致机体长期缺水，血容量不足，血液浓缩，细胞外液减少，进而引起电解质平衡失调，形成酸中毒，影响身体健康。

## 早孕反应的应对措施

如果早孕反应比较严重，应抓紧在自己有食欲的时候多吃一些东西，巧克力、糖果等热量很高的食物也可以适当吃一些。

孕期焦虑会导致宝宝在成长过程中出现情绪问题，因此如果准妈妈的情绪波动很大，还是要尽量保持良好的心境，让情绪保持轻松愉悦。

准妈妈不要因为恶心呕吐就整日卧床，适量的运动对减轻早孕反应也有一定的帮助。比如每天去绿地或林荫中散步1小时，可以保证母体获得充足的氧气，对身体健康大有帮助。

## 对症食材推荐

柠檬。柠檬中所含有的柠檬酸有增加食欲的作用，酸味还可缓解恶心、呕吐等症状，准妈妈可适量食用。

孕期拒绝剧烈运动，但也不能一直卧床，散步是最好的运动。

# 准妈妈有了剧烈的妊娠反应

从孕9周开始，胎宝宝已经是一个五脏俱全、初具人形的小人儿了。但这小人儿不仅只是有了人样，精神活动也开始产生。要知道，这种精神活动对于胎宝宝能否正常发育很重要，而这与准妈妈的情绪好坏息息相关。因此，你要注意保持愉快情绪，这样胎宝宝才能健康成长。

怀孕第3个月是最容易发生流产的时期，所以，在这个阶段要以保胎为主。此外，还要想办法减轻妊娠反应，尽量增进饮食，保证营养供给。如果有下腹疼痛和少量出血现象，要立即去医院就诊，千万不可掉以轻心。

## 瞧一瞧 准妈妈的新变化

妊娠反应减轻：准妈妈难受恶心、呕吐、尿频等妊娠反应逐渐减轻。

乳房发生变化：乳房开始变胀，有沉重感。乳头、乳晕的颜色相继加深，乳头周围有深褐色结节。

子宫的变化：妊娠12周的子宫如拳头大小，在下腹部、耻骨联合上缘处可以触摸到子宫底部。

妊娠斑出现：妊娠引起皮肤的改变，皮肤会失去光泽变得发暗，可能在眼睛周围、面颊部会出现褐色斑点，称为妊娠斑，原有的黑痣也可能加深。

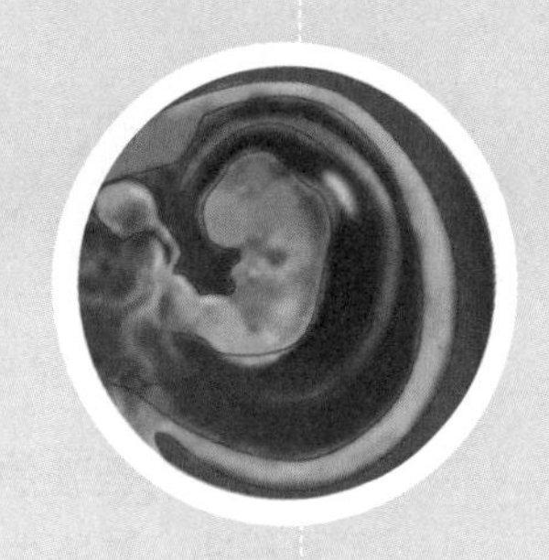

## 看一看 胎宝宝的可爱样

孕3月起胎宝宝已初具人形了，到孕11周，胎宝宝就能长到充满整个柚子大小的子宫了。面颊、下颌、眼睑及耳郭发育成形；眼睛及手指、脚趾都清晰可辨；有了双唇和凸出的鼻子；皮肤是透明的，肋骨和皮下血管正在形成；胎宝宝自身形成了血液循环，肾脏、胃也开始发达起来，有了输尿管、心脏、肝脏；骨骼和关节尚在发育中；外生殖器分化完毕。

这时胎宝宝四肢在羊水中已能自由活动，有时左右腿还可交替做屈伸动作，双手能伸开，这说明脊髓等中枢神经已经很发达了。

## 补一补 宝宝妈妈都健康

本月，由于胎宝宝体积尚小，所需的营养还不是很多，但本月是准妈妈补充自身营养的关键时期。

◎准妈妈在饮食上，除了要继续坚持少食多餐外，膳食调配也应多样化，要以新鲜、清淡、易消化、少油腻的食物为主，做到营养丰富、全面。

◎本月是胎宝宝脑组织的激增期，也是成长发育的关键阶段，准妈妈应多吃富含DHA、胆碱的水产品以及花生等健脑食物。

◎准妈妈如果胃口好转，可适当加重饭菜滋味，以增进食欲，但仍应忌食过于辛辣、咸、冷的食物。

宜

## 宜适量吃些巧克力，缓解紧张情绪

容易紧张的准妈妈，如果能适量吃一些巧克力，可以使自己的情绪能放松些，其所生的宝宝会在一定程度上减少对新环境的恐惧感。

另外，喜欢吃巧克力的准妈妈所生宝宝普遍呈现出比较健康向上的情绪，研究人员据此认为，这与巧克力中所含的某种化学成分有关，准妈妈在食用巧克力后，会把这种化学物质传递给正在发育中的胎宝宝，从而使其出生后表现出积极乐观的情绪。但准妈妈不宜过量食用巧克力。因为巧克力内含有咖啡因，如果准妈妈过量摄入咖啡因，会影响胎宝宝的生长发育，甚至导致流产或早产。

## 吃饭宜细嚼慢咽

女性在怀孕后，胃肠、胆囊等消化器官的蠕动减慢，消化腺的分泌也有所改变，导致准妈妈消化功能减退。特别是在怀孕初期，由于孕期反应较强，食欲不振，食量相对减少，这就更需要在吃东西时引起注意，尽可能地多咀嚼，做到细嚼慢咽，使唾液与食物充分混合，同时也有效地刺激消化器官，促使其进一步活跃，从而把更多的营养素吸收到体内。这对准妈妈的健康和胎宝宝的生长发育都是有利的。

还有人认为，准妈妈的咀嚼与胎宝宝的牙齿发育有密切的关系。胎宝宝到了3周，牙齿就发育了，这时要教给胎宝宝进行咀嚼练习，胎宝宝牙齿的质量与母亲咀嚼节奏和咀嚼练习的关系很大。因此，如果准妈妈吃饭时习惯于“速战速决”，那么，为了你和孩子的健康，最好从现在开始改一改这个习惯。

## 宜保证食物量与质的平衡

在怀孕初期胎宝宝还只是一个小小的胚芽，他还不能自己直接从外界摄取营养，只能借助母体吸收成长发育所需的各种营养成分。

加之此时的胎宝宝各个器官正在形成，对营养的均衡与充足要求很高，所以就需要准妈妈摄入足够保证质与量的食物，并保证营养均衡，一旦准妈妈的营养摄入不均衡或达不到胎宝宝所需，就可能出现胎宝宝生长缓慢，甚至发生畸形。

## 宜及时补碘

### 准妈妈补碘很重要

碘堪称“智力营养素”，是人体合成甲状腺素不可缺少的原料。而甲状腺素参与脑部发育期大脑细胞的增殖与分化，是具有决定性因素的营养成分。

### 水产品是孕期最好的补碘品

研究表明，胎宝宝发育所需的碘只来源于母体，因此孕妈妈对碘的摄入量要高于普通人。海带、紫菜、海参、海蜇、蛤蜊等水产品，均含有丰富的碘。此外，甘薯、山药、白菜、鸡蛋等食物中也含有碘，孕妈妈均可适量吃一些，对胎宝宝的大脑发育很有益。

海带

普通人食用碘盐和一些水产品，是补碘最有效可靠的方法，也是防治碘缺乏疾病的基本措施。但由于孕妈妈的碘需求量比平常人要增加50%左右，所以在补充碘时，可在医生的指导下，采用适宜剂量进行补充，但要注意以下事项。

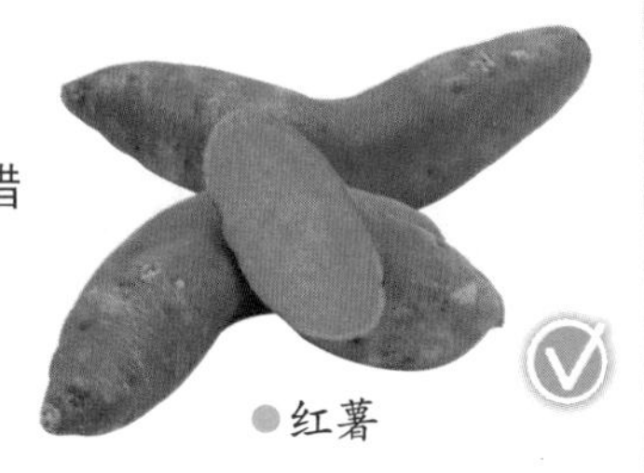

红薯

◎ 一般来说，进食碘盐和日常饮食即可达到碘的摄入要求标准。

◎ 缺碘地区的孕妈妈要多吃高碘食物，但要在医生指导下食用。

◎ 有甲状腺疾病的孕妈妈食含碘食物要在医生许可和指导下进行。

## 宜

### 边吃东西边看电视也能减轻早孕反应

平时，一边吃东西一边看电视被营养专家指出是不利于身体健康的恶习之一，他们认为吃东西的同时看电视，会影响胃中食物的消化和吸收；同时，还会使人不自觉地摄入过多的食物，更由于久坐不动，体力消耗减少，很容易导致皮下脂肪堆积，形成肥胖症。可是，在孕期，尤其是早孕反应剧烈的孕3月，准妈妈可以借助“电视”这个工具，转移自己的注意力，让自己不自觉地摄取更多热量。准妈妈可以准备一杯牛奶、果汁或一些核桃、杏仁、腰果、花生、瓜子等坚果，边看电视边吃，转移对食品的注意力，从而较明显地减轻早孕反应。

## 忌

### 忌吃桂圆、山楂

桂圆有补心安神、养血益脾等功效，一向被视为滋补良药，而且从营养学角度分析，桂圆也是一种营养丰富且全面的水果，其中含有维生素A、B族维生素、葡萄糖等多种营养成分。但对于怀孕的女性来说，受孕后体内的阴血都聚集起来用以养胎，用于母体自身的阴血相对不足，产生阴虚状况，而阴虚生内热，所以怀孕后的女性往往有大便干燥、口干口苦、舌质偏红、心悸燥热等症，此时正需要清凉、滋润的食物“败”一下体内的火气，而桂圆却是温性食品，性燥热，此时吃桂圆不但得不到应有的滋养，反而助火上行，出现胃气上逆、呕吐等症状，甚至会引起腹痛、阴道出血等先兆流产症状。

山楂以及山楂制品中所含的成分能使子宫兴奋，有促进子宫收缩的作用。准妈妈如果大量食用很可能会刺激子宫收缩，进而导致流产。有过自然流产史或怀孕后有先兆流产症状的准妈妈更应忌食山楂和山楂制品。

## 忌过多摄入盐

盐过多，会增加细胞外液量，从而引起水分潴留，导致准妈妈出现水肿症状。同时，盐过多还会增加血管平滑肌细胞内的钠和水，导致血管内的阻力增加，久而久之会使血压升高，甚至导致肾性高血压。在孕中晚期，基于人体代谢等原因，准妈妈本来就很容易发生水肿和高血压症状，此时再吃过多盐，更易加重这两种症状，危害准妈妈和胎宝宝的健康。但在孕期，准妈妈的新陈代谢往往较常人更旺盛，所以体内的钠也会随着肾脏的排泄和过滤而损失得更多。此时如果过于控制盐的摄入量，也容易导致体内的盐分不足，从而引发食欲不振、疲倦乏力等症状，影响准妈妈的健康和胎宝宝的生长、发育。

一般来说，准妈妈每天盐的摄入量应该控制在1.5～2克之间。

准妈妈在烹制一些菜肴或制作一些点心时，如果需要用盐来提味，也可以考虑用一些没有咸味的调味品来代替，比如番茄酱、柠檬汁、醋等，这样可以有效地减少准妈妈在日常生活中的摄盐量。此外，准妈妈还要少吃用盐腌制的食品，比如咸菜、咸鸭蛋、咸鱼等，这些用盐腌制的食物中往往含钠盐较多，极易使准妈妈每日的摄盐量超标。

## 忌吃方便食品

许多女性都喜欢吃方便食品，如方便面、火腿肠等，即使怀孕后也不愿放弃。方便食品虽然大多吃起来方便又有滋味，但医学专家指出，方便食品对准妈妈健康与胎宝宝发育都没有什么好处。因为方便食品的安全性很难得到保证，在生产过程中往往还会添加大量的防腐剂，这些成分对准妈妈的健康也很不利。

## 忌吃酸菜

酸菜是人工腌制而成的，其中所含的维生素、矿物质、氨基酸等营养成分几乎在腌制过程中消失殆尽，完全没有了其原有的营养价值。更重要的是，酸菜这一类腌制食品中亚硝酸盐的含量往往较高，亚硝酸盐是一种致癌物质，长期大量进食不仅会损害准妈妈的身体健康，还会对胎宝宝的生长和发育造成一定的影响，甚至还有可能导致胎宝宝先天畸形。

## 准妈妈一日食谱推荐

**早餐**

花生红枣粥、馒头、凉拌芹菜、水煮鸡蛋

**午餐**

豆沙包、韭菜炒虾仁、香菇炖豆腐

**晚餐**

绿豆粥、炖乌鸡、砂仁蒸鲫鱼、清炒油麦菜

**加餐**

苹果、奶酪

**加餐**

瓜子、果仁面包

## 孕3月营养素需求

|  |  |
|---|---|
| 碳水化合物 | 以每日摄取150克以上为宜。 |
| 蛋白质 | 以每日60～80克为宜，动物蛋白和植物蛋白都要选择摄入一些。 |
| 水 | 以每日6～8杯水为宜。 |
| 矿物质 | 吃一些含钙、铜、锌、钾、硒高的食物。 |
| 维生素 | 每日适当地摄入一些叶酸。 |

# 孕3月宜忌食物清单

孕3月胎宝宝基础发育基本完成，已经具备了人的形态，感知能力进一步增强，这个阶段适当补充镁和维生素A，不仅能促进胎宝宝肌肉和骨骼的正常发育，还能帮助胎宝宝皮肤和视力的发育。

除以上提到的宜忌食材外，准妈妈宜吃的食物还有玉米、各种豆类、绿叶蔬菜、瘦肉、栗子、核桃；忌吃的还有马齿苋、芦荟、薏米等。

## 鲜莲银耳汤

材料

干银耳10克，鲜莲子30克。

调料

鸡清汤1500毫升，盐、白糖各适量。

做法

❶将银耳用冷水泡发，择洗干净后放入大碗内，加适量清汤蒸透取出，装入碗内。

❷将莲子去心，用水焯烫后再用水浸泡，使之略带脆性，装入银耳碗内。

❸烧开鸡清汤，加盐、白糖后注入银耳、莲子碗内即可。

美食有话说 此汤滋阴润肺，健脾安神，适用于干咳少痰、口干咽干、心烦失眠、食少乏力的准妈妈食用。

## 清蒸冬瓜熟鸡

材料

熟鸡肉250克，冬瓜250克，葱3段，姜1片。

调料

鸡汤2碗，酱油1大匙，盐适量。

做法

❶将熟鸡肉去皮切成块，鸡肉皮朝下，整齐地码入盘内，加入鸡汤、酱油、盐、葱段、姜片，上笼蒸透，取出，拣去葱段、姜片，然后把汤汁滗入碗内待用。

❷冬瓜洗净切块，放入沸水中焯烫一下，捞出后码入盘内的鸡块上，将盘内的鸡肉块、冬瓜块一起加入汤盘内。

❸将锅置于火上，倒入碗内的汤汁，烧开撇去浮沫，盛入汤盆内即可。

## 香菇烧白菜

材料

白菜200克，香菇（干）20克。

调料

盐适量。

做法

❶用温水浸泡冬菇，去蒂洗净；白菜洗净，切成段。

❷油锅烧热，放入白菜段炒至半熟，再放入盐、香菇，加入适量水，盖上锅盖炖煮至熟烂即可。

美食有话说 此菜虽属家常素菜，但特别适合准妈妈食用。菜中香菇与白菜搭配，可起到利水消肿、增强机体免疫力的作用。

## 栗子烧白菜

材料

嫩白菜500克，去皮熟栗子50克，水发黑木耳、笋片各25克。

调料

淀粉、白糖、盐、高汤各适量。

做法

❶将白菜用刀轻拍一下，切成方块；栗子切成两半；将笋片洗净，备用。

❷油锅烧热，将白菜块下入炸软捞出，控净油，放入汤锅内浸一下，除去浮油。

❸将净锅置于火上，添入高汤，将白菜块、栗子、笋片、白糖、盐放入锅内，烧至汁浓菜烂，用淀粉勾芡，翻炒均匀即可。

# 肉丝拌豆腐皮

材料

瘦猪肉150克，豆腐皮100克，黄瓜1根，蒜少许。

调料

虾米、盐、酱油、香油各适量。

做法

❶将瘦猪肉洗净，切成丝。

❷油锅烧热，将切好的瘦猪肉丝放入，迅速炒散，待肉丝变色时，加酱油翻炒几下，倒入小盆内。

❸豆腐皮洗净切成丝，入开水焯烫，捞出，沥干；黄瓜洗净，切成丝，放入小盆内；虾米用温开水泡软，捞出，撒在上面；大蒜捣成泥，与盐、香油一起调汁，浇入小盆内拌匀即可。

# 西葫芦松子肉丁

材料

西葫芦1个，瘦肉180克，蒜蓉1小匙，松子1大匙。

调料

生抽1小匙，白糖、淀粉各适量。

做法

❶西葫芦去皮及瓤，洗净切小丁；瘦肉切小丁加所有调料略腌；松子以清洁湿布抹过备用。

❷油锅烧热，炒熟西葫芦丁盛起，再烧热锅，下油，爆香蒜蓉，下瘦肉丁，炒香至熟，西葫芦粒再回锅，下松子炒熟拌匀即可盛入碗中。

美食有话说 西葫芦含蛋白质、膳食纤维，有助于消化。准妈妈食用此菜可润肺、助消化还有助于胎宝宝大脑发育。

贴心提示

# 准妈妈的蔬菜营养保卫战

蔬菜是我们获得维生素的重要来源，准妈妈每天至少要吃200～500克的蔬菜才能保证摄入足够的营养。那么怎样才能最大限度地保存蔬菜中的维生素，又能清除蔬菜中的农药呢？准妈妈可以尝试以下方法。

## 保卫蔬菜营养的加工方法

### 洗菜

准妈妈在洗菜时要先洗后切，浸泡时间不超过15分钟。因为蔬菜中有很多维生素是水溶性的，切后再洗或浸泡时间过长，会使它们溶解于水中，造成营养流失。

### 切菜

准妈妈切菜时要切完即炒，忌切好后久置。特别是在高温、阳光直射环境下，维生素A、维生素C会很快被氧化。

### 炒菜

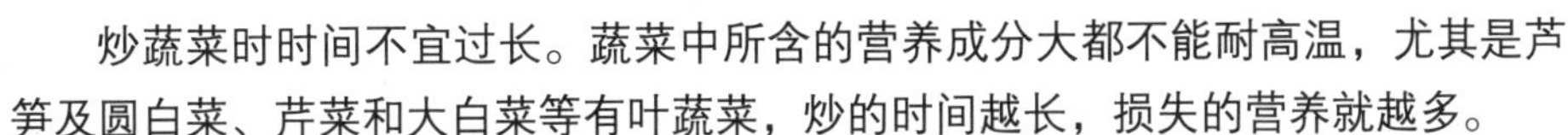

炒蔬菜时时间不宜过长。蔬菜中所含的营养成分大都不能耐高温，尤其是芦笋及圆白菜、芹菜和大白菜等有叶蔬菜，炒的时间越长，损失的营养就越多。

## 巧除蔬菜中残留的农药

### 浸泡

淘米水呈碱性，对有机磷农药有显著的解毒作用，可将蔬菜、瓜果放在淘米水中浸泡5～10分钟，再用清水洗净。

### 削皮

有些蔬菜，如胡萝卜、黄瓜、西红柿表面有层蜡质，容易吸收农药。因此，对一些能去皮的蔬菜可以先削皮，再用清水漂洗。

# 我的孕检医院我做主

怀孕3个月，需要做孕检了，准妈妈应根据自己的需要、经济条件、居住地点及医院所提供的医疗服务水平，为自己选定一家孕期保健和分娩医院。

## 医学技术值得信赖

准妈妈选择的孕检医院一定要在技术上过硬，即所谓的安全性。每个准妈妈的身体情况都不相同，而且孕产又是个复杂的过程，如准妈妈患有高危险疾病或妊娠疾病出现时（如血崩、甲状腺疾病、心脏病、孕期高血压综合征、孕期糖尿病等），医生是否能及时妥善处理危机。因此，无论从医院的设备、检验技术（都能做哪些检验、检查）、人员的水平等都要事先进行了解。这方面可以咨询已经生育过的朋友或通过网络查询，也可以直接到备选医院咨询专科的医生，根据自身情况提出生产过程中的疑问，看看医生的回答是否能让你感到信任。

## 医院交通便利

交通的便利性是不可缺少的，即使准妈妈的孕程比较稳定，但每个准妈妈的情况不同，有些危险情况也许会突然发生，为了避免发生时耽误病情，就需要考虑医院与家的距离、交通是否顺畅等因素。还要考虑每次去产检在路上所花的时间、医院车位状况等问题，若是经常堵车，准妈妈们势必要提前出门。

## 医院环境舒适

医院环境的舒适程度直接就能判断，可以先视查一下备选医院的环境、做检查和就诊区域之间的距离是否很近、就诊区域的环境是否拥挤、是否有舒适和足够的空间让准妈妈待诊，这些对准妈妈将来要在这里产检或分娩是否感到舒适都很重要。

## 与医护人员沟通顺畅

医患关系紧张无论对医生还是准妈妈而言都是不利的。特别是准妈妈们随着孕期时间的推移、体内激素水平的变化，担心也会越来越多，面对诸多焦虑和担心，心理上难免会产生各种情绪、压力，这些情绪、压力不仅需要家人的安慰和关怀，产检医生是否能与之合拍、沟通起来是否顺畅，也会影响到准妈妈的心绪。因此，准妈妈进行孕检的医生要与自己合拍。

# 教你察看孕早期化验单

孕早期，为保证自身和胎宝宝的身心健康，准妈妈往往需要做一系列化验检查。常规的化验检查项目应该包括以下几项。

## 血常规检查

血红蛋白主要用于判断准妈妈是否贫血，其正常值是100～160克／升。白细胞在机体内起着消灭病原体、保卫健康的作用，其正常值是（4～10）$\times 10^{7}$／升，超过这个范围说明有感染的可能，但孕期可能会由于各种原因有轻度升高。血小板在止血中起重要作用，正常值为（100～300）$\times 10^{12}$/升，若血小板低于$100\times 10^{12}$／升，会影响准妈妈的凝血功能。

## 尿常规检查

主要包括尿液中的蛋白、糖、酮体、镜检红细胞等的检查。通常这些指标显示阴性为正常。如果蛋白阳性，则提示有孕期高血压综合征、肾脏疾病的可能。如果糖或酮体阳性，提示有糖尿病的可能。如果发现红细胞和白细胞有问题，提示有尿路感染的可能。

## 肝、肾功能检查

这一检查主要包括谷丙转氨酶（GPT）、谷草转氨酶（GOT）、尿素氮（BUN）、肌酐（Cr）等项目。肝功能的正常值：谷丙转氨酶0～40毫摩尔／升；谷草转氨酶0～55毫摩尔／分升；肾功能正常值：尿素氮9～20毫克／升；肌酐0.5～1.1毫克／分升。

## 梅毒血清学检查

主要包括螺旋体抗体血凝试验（TPHA）和快速血浆反应素试验（RPR）。正常准妈妈这两项试验结果均为阴性反应。当机体受到梅毒螺旋体感染后，往往会产生两种抗体，表现为RPR阳性和TPHA阳性。RPR阳性的特异性不高，会受到其他疾病的一定影响而出现假阳性，TPHA阳性可以作为梅毒的确诊试验。

# 孕4月 13~16周

## 胎宝宝『露面』了

本月准妈妈下腹开始隆起，可经腹部间接摸到子宫，子宫好似婴孩头那么大。但是，你的行动还较灵便；加之妊娠反应消失，孕期并发症很少，因此你的身体比前些日子舒服多了，心情也好起来了。这时适应阶段已完成，体态变得更美了，另外，由于水分的充盈，面部皱纹也变平了，皮肤呈现出光泽，你开始进入怀孕的黄金时期。

### 瞧一瞧准妈妈的新变化

准妈妈在怀孕4个多月时，其腹部一般都会开始明显显形，准妈妈对自己下腹部慢慢地充实起来会感到很惊喜。

尽管子宫被大大地扩张了，但是准妈妈处于安静的状态时，腹内的压力是完全正常的。

由于胎盘形成，流产的可能性明显减少，但白带依然增多，腹部沉重感及尿频现象持续存在。

准妈妈会明显地感到乳房增大，乳头周围发黑的乳晕更为清晰。妊娠斑也更为明显，要避免日光直接照射脸部。

## 看一看 胎宝宝的可爱样

胎宝宝的头渐渐伸直，脸已有人的轮廓和外形，还长出一层薄薄的胎毛，头发也开始长出。

皮肤逐渐变厚，呈亮红透明；下颚骨、面颊骨、鼻梁骨等开始形成；胎宝宝手脚能活动了，他可以在羊水中游动自如，但终因力薄气小而不能使准妈妈感到明显的胎动。

内耳等听觉器官在怀孕第4个月前已基本长好，他对子宫外的声音有所反应了。一般到孕16周末，胎宝宝长到18厘米，体重达到120克。脊柱、肝、肾逐渐开始发挥作用。

## 补一补 宝宝妈妈都健康

粗细搭配、荤素搭配：本月准妈妈由于孕早期的不适基本消失，饮食情况大有改善，流产的危险也降低了。膳食不要吃得过精，宜粗细搭配、荤素搭配，以免造成某些营养素吸收不够。

应增加主食的摄入：应选用标准米、面，也可食用小米、玉米、燕麦片等粗粮，但不要一次吃得过多、过饱，也应经常调换品种，避免一连几天大量食用同一种食物，造成营养单一。

增加动物性食物的摄入：动物性食物中富含的优质蛋白质可以供给胎宝宝生长发育和维护准妈妈健康所需的营养。

注意补充海产类食物：进入本月，胎宝宝的甲状腺开始制造自己的激素了，而碘是保证甲状腺正常发挥功能的重要营养素。如果准妈妈摄入碘不足，那么胎宝宝出生后就易出现甲状腺功能低下的情况，会影响新生宝宝大脑的发育。准妈妈在平时应适当食用鱼类、贝类和海藻等食物，每周可以吃2～3次。

## 宜及时补血

铁是人体生成红细胞的主要原料之一，所以整个孕中期都需要补铁，孕期的缺铁性贫血，不但可能导致准妈妈出现心慌气短、头晕、乏力的症状，还可导致胎宝宝宫内缺氧，生长发育迟缓，出生后智力发育障碍，出生后6个月之内易患营养性缺铁性贫血等。准妈妈要为自己和胎宝宝在宫内及产后的造血做好充分的铁储备，因此，在孕中期应特别注意补充铁剂。

富含铁的食物有瘦肉、猪肝、鸡蛋、海带、绿色蔬菜（菠菜、芹菜、油菜、苋菜等）、草莓、樱桃等。同时，准妈妈还应该补充维生素C，以促进铁的吸收。

准妈妈在整个孕期需要1000毫克铁。专家建议，准妈妈每日应补充铁元素28毫克，可以从食物中补给。肉类的铁可吸收22%，而蔬菜中的铁仅吸收1%，因此准妈妈要多吃各种瘦肉，尽量利用动物肉中的血红素铁。除此以外，还可在医生的指导下补充铁剂。

## 宜吃一些芝麻酱

芝麻酱是北方较为常见的一种调味品，其中含有丰富的营养素，能够满足准妈妈的日常消耗，还能保证胎宝宝正常的生长发育。芝麻酱中的蛋白质含量比猪瘦肉还高；每100克纯芝麻酱含钙870毫克，比蔬菜和豆类食物中含钙量都高得多；每100克纯芝麻酱含铁58毫克，甚至比鸡蛋黄高6倍。因此准妈妈常食芝麻酱，不仅可以改善虚弱的体质，还可预防胎宝宝骨骼以及牙齿发育不良，并预防和改善缺铁性贫血。此外，芝麻酱中含有一种芳香物质——芝麻酚，能够散发出浓郁而独特的香味，可促进食欲。

## 适量吃鱼头，补脑功效强

鱼头中含有一种名为DHA（二十二碳六烯酸）的不饱和脂肪酸，通常被称为“脑黄金”，DHA能够增强脑细胞的活性，尤其是脑神经传导和神经突触的生长和发育，增强人的记忆、思维与分析能力。准妈妈多吃鱼头，能将母体中的DHA传导至胎盘，从而促进胎宝宝大脑的形成和发育。

此外，鱼头中还有一种名为EPA（二十碳五烯酸）的不饱和脂肪酸，能清理和软化血管，起到降低血脂、延缓衰老的作用，对准妈妈和胎宝宝的身心健康很有益。

## 水果最好放在上午吃

常吃水果对健康有益，但吃水果也要讲究时机。在最恰当的时间吃水果才能起到最大的滋养作用。

人体经过一夜的睡眠之后，肠胃的功能尚在激活中，消化功能不强，却又需要补充足够的营养素。水果营养丰富，且含大量水分，因此，上午是食用的最佳时机。

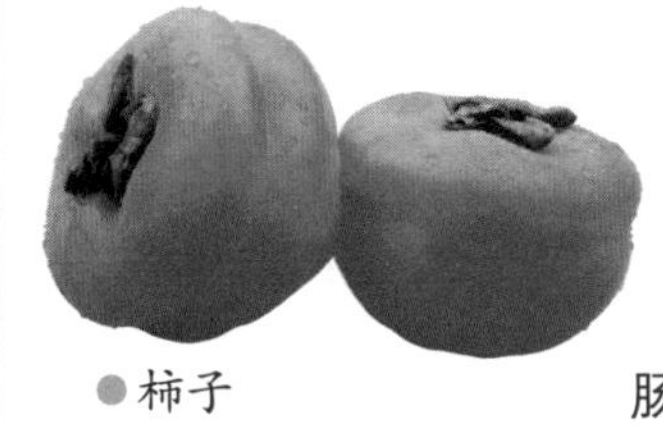
柿子

需要注意的是，有些水果不宜空腹食用，准妈妈应当谨慎对待，如柿子等。因为柿子中含有一种名为“红鞣质”的物质，如果空腹食用，遇到胃酸后，会形成难以消化的物质，对肠胃不利。

## 宜科学用油

### 多样搭配使用

食用油可为胎宝宝大脑发育提供多种营养素，所以准妈妈在平时吃食用油时，应交替使用几种食用油，或者是隔一段时间就可以换一种食用油作为烹调用油。这样才能使准妈妈体内所吸收的脂肪酸种类丰富，营养均衡。

### 采取最营养的烹饪方法

烹饪准妈妈的食物时，用油量不可过多且要以植物油为主，少用或不用油炸、油煎等烹饪方法。在炒菜时，切忌油温过高。过高的温度容易破坏食物中原本所包含的营养成分，产生一些过氧化物和致癌物质，危害身体健康。

### 不要冷落动物油

养生专家强调多吃植物油，致使动物油往往被准妈妈所冷落。事实上，这种做法是不科学的。其实动物油含有一定量的饱和脂肪酸，适量食用对人体的健康是有益的。因此，准妈妈也可适当搭配动物油食用。

橄榄油

## 多吃些硬壳类脂类食物

硬壳类脂类食物，如核桃、花生、杏仁、南瓜子、葵花籽中都含有大脑发育的必需脂肪酸以及增强记忆力、提高智力水平、充分发挥大脑思维的胆固醇和脑磷脂，对胎宝宝的大脑发育非常有益，非常适合准妈妈经常食用。此外，很多硬壳类脂类食物，如花生、核桃、栗子中的锌含量也比较高，经常食用则有助于胎宝宝的生长发育。

## 补药不能滥服

孕期，准妈妈要提供两个人的营养，所谓“一个人吃，两个人用”。为了让胎宝宝吸收到充足的营养素，有一些准妈妈选择通过吃一些滋补品，如人参、蜂王浆、鹿茸、鱼肝油等来增加体内的营养，希望改善自身的虚弱体质，并让胎宝宝更健康地生长和发育。“是药三分毒”，补药如人参、鹿茸等也是有一定偏性的药材，进入人体后会在代谢和合成过程中对人体造成损害，产生一些毒性作用或者过敏反应。尤其是在孕期，母体内的酶体系会有一些改变，从而影响药物在体内的代谢，无法降低药物的毒性或使药物难以排出体外，最终引起蓄积性中毒。比如，人参属于性温热的补品，而准妈妈在孕期本来就阴虚内热，此时再进补人参，很容易导致阴虚阳亢、气盛阴耗、血热妄行，从而加剧孕吐、水肿、高血压、便秘等症状。准妈妈还是应该以食物作为获得营养素的主要渠道，如果准妈妈确实体质很弱，有明显的营养不良状况，可以在医生的指导下合理地服用此类滋补品。

鹿茸

## 准妈妈不宜把米酒当补品

米酒口感清冽、香味醇美，很多准妈妈都十分喜爱，在我国很多地方也有米酒“补母体、壮胎宝宝”的说法，所以有些准妈妈甚至把米酒当做补品，每天都会饮用一些。其实这是不科学的。

●米酒

米酒是用糯米和酒曲发酵而成的，酒曲的主要成分就是酒精。虽然米酒中的酒精浓度并不如白酒高，但还是会对准妈妈的身体造成伤害。因为酒精可以通过胎盘进入胎宝宝体内，阻碍胎宝宝大脑细胞的分裂以及中枢神经系统的发育，容易导致胎宝宝智力低下，还会造成胎宝宝先天畸形。

## 忌不吃主食

我们人体每天需要的热量由生热营养素、糖类、脂肪、蛋白质提供。其中，糖类提供的热量占55%~65%。主食中富含糖类，是每天不可或缺的食品之一。虽然蔬菜、奶类和糖类也可以提供所需的糖类，但这些并不能取代主食。主食中的糖类可以转化成葡萄糖，并且直接给人体提供热量，所以许多人都会选择“戒”主食来控制热量。

事实上，主食的摄入可以使人产生饱腹感，在一定程度上可以起到节制饮食的作用。

另外，人体从粮食中摄入的主要是淀粉，适量的淀粉并不会使人发胖，而是在肠内经消化液慢慢分解为葡萄糖。停止摄入主食，完全靠蛋白质和蔬菜来提供能量后，很容易导致血糖偏低，脑的能量供应不足准妈妈更易感到疲惫。

## 准妈妈一日食谱推荐

**早餐**

综合果仁豆浆、豆沙包、拌黄瓜

**午餐**

米饭、清蒸鳕鱼、清炒空心菜、虾皮烧冬瓜

**晚餐**

虾片粥、玉米饼、蘑菇炒青菜、鲫鱼炖豆腐

**加餐**

水果沙拉、酸奶

**加餐**

蔬果汁、苏打饼干

## 孕4月营养素需求

| | |
|---|---|
| 碳水化合物 | 除每日摄取150克碳水化合物外，还需从日常饮食中摄取200千卡的热量，以满足胎宝宝在系统发育中对合成代谢的需求。 |
| 蛋白质 | 准妈妈每日可摄取75～95克蛋白质。 |
| 水 | 以每日6～8杯水为宜。如果是在夏天，饮水量还要适量增加。 |
| 矿物质 | 尤其是钙和铁，要大量摄入。每日钙要摄取1000～2000毫克，铁每日要摄取25～35毫克。 |
| 维生素 | 每日宜摄取约10毫克维生素D，此外还要适量摄入维生素A、B族维生素、维生素C、维生素E等。 |

# 孕4月宜忌食物清单

孕4月胎宝宝已经具备人形，胎宝宝活动逐渐活跃，大脑进一步发育，对外界刺激有了一定的反应，这个时候主要需要补充锌，保证胎宝宝发育良好，而且能提高准妈妈消化和免疫功能。

除以上提到的宜忌食材外，准妈妈宜吃的食材还有：芝麻、金枪鱼、蘑菇、西红柿、海带、鸡肉、绿豆、全麦饼干、樱桃、橙子等；准妈妈忌吃的食材有：水果罐头、香肠、荔枝等。

## 百合炒南瓜

材料

南瓜半个，百合4个。

调料

盐适量。

做法

❶南瓜对半切开，削去外皮，挖出内瓤，切成薄厚适中的片；百合剥成瓣，去掉外边褐色部分，洗净，并入沸水中焯烫片刻，捞出，沥干水分。

❷炒锅内放入油，烧至七成热时放入南瓜片，翻炒均匀，加入适量水（稍稍没过南瓜），大火煮开后以小火焖7~8分钟，至南瓜熟软。

❸待锅中还有少量汤汁时，放入百合焖2分钟，加入盐，大火翻炒2分钟收干汤汁即可。

## 爆炒腰花

材料

猪腰200克，笋片适量，葱丝、蒜片各少许。

调料

酱油、盐、鸡精、高汤、水淀粉各适量。

做法

❶将猪腰劈成两半撇去白色筋膜，切成麦穗形花刀，改刀成4块；将酱油、鸡精、盐、水淀粉、葱丝、蒜片、高汤兑成汁。

❷将改刀的腰花用急火热油略炸一下，马上倒在盛有笋片的漏勺里待用。

❸将所有材料及兑好的汁，倒入锅内翻炒几下即可。

## 蛋黄莲子羹

材料

莲子50克，鸡蛋1个。

调料

冰糖适量。

做法

❶将莲子浸泡后洗净入锅，加适量水煮约30分钟，加入冰糖至融化，备用。

❷将鸡蛋打入碗中，取蛋黄放入莲子中搅散，煮至熟透，即可食用。

美食有话说 此菜可养心除烦、安神固胎。莲子具有安神的作用，有助于入眠。故此菜适宜于夜睡不安、心烦气躁、胎动频繁的准妈妈食用。

## 姜汁鱼头

材料

鲢鱼头350克，鲜蘑菇100克，葱白1段，姜5片。

调料

高汤少许，酱油1小匙，盐适量。

做法

❶将鱼头洗净，剖成两半，投入沸水中氽烫一下，捞出沥干水；鲜蘑菇洗净，切成两半；姜洗净拍碎，加入少许清水浸泡出姜汁。

❷将鱼头放入蒸盘中，加入鲜蘑菇、酱油、葱白段、盐和高汤，大火蒸20分钟左右，拣出葱段，淋入姜汁即可。

美食有话说 此菜营养丰富，可以为准妈妈补充丰富的蛋白质、脂肪、钙、磷等多种营养素，对促进胎宝宝的大脑发育很有好处。

## 爆炒鱿鱼卷

**材料**

水发鱿鱼400克，香菜、葱、姜、蒜各适量。

**调料**

醋、盐、鸡精、香油各适量。

**做法**

❶鱿鱼去头、内膜和刺，用刀在内面交叉划成菱形，切成片，用开水烫至起卷捞出。

❷香菜洗净切小段；葱、姜切丝；蒜切片。

❸油锅烧热，滑入鱿鱼卷过油，捞出控油；锅留底油，放葱丝、姜丝、蒜片爆香，再放入鱿鱼卷、香菜段，加醋、盐、鸡精快炒，出锅前淋香油即可。

## 糖醋鱼卷

**材料**

鳜鱼肉300克，葱白、姜、番茄汁、蛋清各适量。

**调料**

米醋、白糖、盐、鸡精、香油、酱油、桂花油、淀粉各适量。

**做法**

❶将米醋、白糖、番茄汁、香油、酱油、桂花油放锅内烧开，勾芡调成糖醋汁；鱼肉切成薄片，加盐、鸡精、蛋清入味，卷入姜丝、葱段，蘸上干淀粉。

❷锅内加油烧至七成热，投入鱼卷，炸成浅黄色，捞出沥油，摆在盘内，浇上糖醋汁即可。

**美食有话说** 色泽浅黄，鱼肉肥香，甜中带酸，爽口醒胃。此菜非常适合孕中期食欲不振的准妈妈食用。

贴心提示

## 孕期如何用药

准妈妈要注意不能滥用药物，以防止药物通过胎盘屏障进入胎宝宝体内。有些药物，如抗生素、激素及安眠药等，除了药物本身的毒性或不良反应外，还可能造成胎宝宝畸形。

### 孕期用药的原则

◎ 孕期用药必须在医生的指导下进行，不要自行乱用药物。

◎ 必须在有明确指征下用药，做到能不用就不用，能用小剂量就不用大剂量。

◎ 尽量用疗效已经确定的药物，某些新药对胎儿的影响尚难确定，应避免使用。

◎ 严格按照规定剂量和用药时间服用药物，明确停药时间。

◎ 妊娠早期如病情允许尽量不用药。

### 不同妊娠时期用药的影响

◎ 着床前期。受精后2周内，受精卵与母体组织尚未直接接触，故此时用药一般对其影响不大。但若大量用药，且药性较强，则会非常容易引起早期流产。

◎ 药物致畸期。胚胎着床后到12周左右，是胚胎各个器官高度分化、发育的阶段，此时准妈妈用药，会干扰胚胎组织细胞的正常分化，并可能导致畸形。

◎ 器官形成期。妊娠12周至分娩，这一阶段胎儿各个器官已经形成，药物致畸的作用明显减弱。但神经系统等尚未发育完全的部分，还是会受到药物的影响。

# 孕5月 胎宝宝进入活跃期

17～20周

进入第5个月，妊娠反应逐渐消失，你的体形变圆，子宫明显增大。此时已经能够感受到胎动了，身体也逐渐适应了孕期的各种变化。胎宝宝在肚里自由活动，偶尔碰到子宫壁，会使你脸上不由地露出欣喜的笑容，抚摸着肚子里的胎宝宝，激发了你作为母亲的意识。这时，可以与准爸爸一起学习孕产知识，了解分娩过程、产褥卫生、产后避孕等方面的知识。

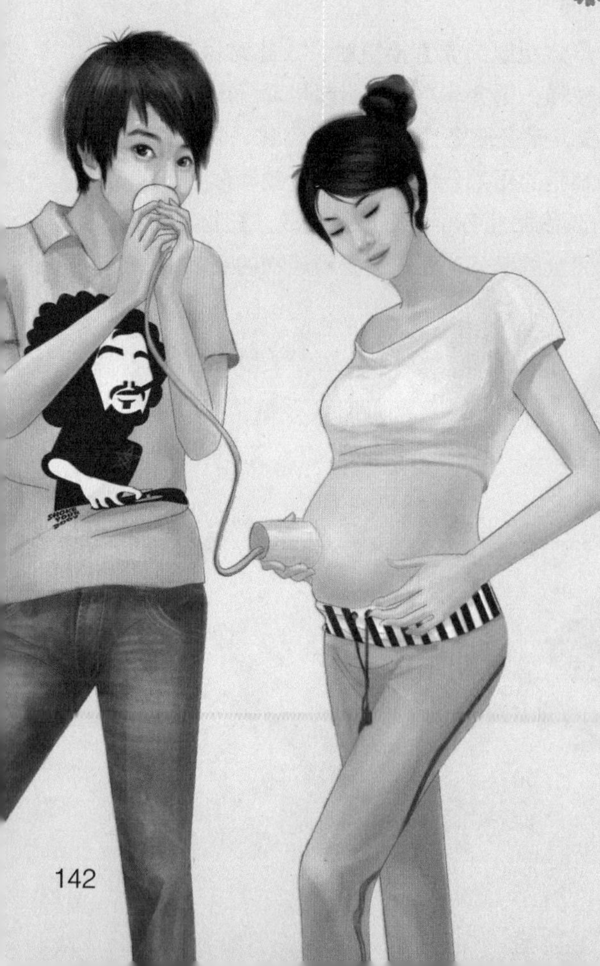

## 瞧一瞧 准妈妈的新变化

体重增加：伴随着妊娠向前发展，准妈妈在外貌与体形上出现了较大的变化，子宫的增大使下腹愈发隆起，子宫底的高度与肚脐平齐，乳房、臀围增大丰满，皮下脂肪增厚，体重增加。

水肿：由于身体血液循环的改变及细胞内水分潴留，可能会出现下肢、脚背面浮肿。

分泌初乳：面部、乳晕、外阴部的色素继续加深。乳房开始分泌初乳——一种淡黄色、稀薄液体。随着乳房的增大，应及时选戴合适的胸罩，维持乳房的张力，以避免日后乳房下垂，注意不要用手挤压乳头。

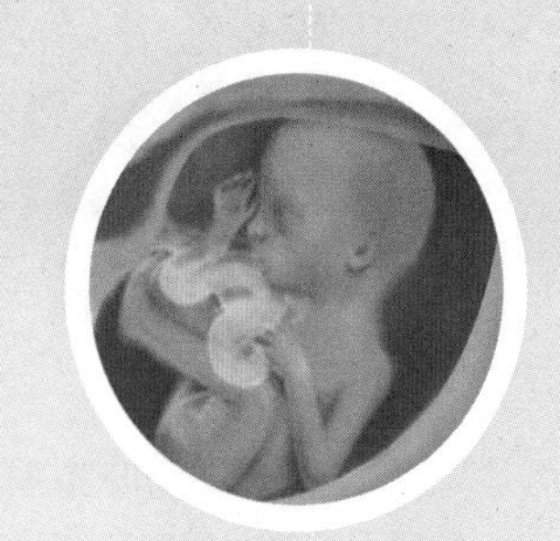

## 看一看 胎宝宝的可爱样

这时，胎宝宝的生长速度很快。头部犹如鸡蛋大，约占身体长度的1/3。胎宝宝开始长胎发、眉毛、指甲；眼睛还是闭着的；牙床开始形成；骨骼和肌肉发育得较结实，四肢活动增强，因而有了生命的特征——胎动。

胎宝宝此时身长18～27厘米，体重为250～300克。脂肪开始沉积，皮肤变成半透明状，但皮下血管仍清晰可见；男女性别特征明显，女性胎宝宝阴道已发育成熟。胎宝宝也会吞咽羊水；已会用口舔尝吸吮拇指。胎心逐渐有力，每分钟120～160次。18周后把听诊器放在腹部，可以听到胎心。

## 补一补 宝宝妈妈都健康

本阶段，胎宝宝的大脑、骨骼、牙齿、五官和四肢都将进入快速发育的时期，准妈妈体内的基础代谢也会因此逐渐增加，所以对各类营养物质的需求会持续增加，尤其是对主食的摄入量需增加更多，但要注意所摄入主食的多样性，可交替食用大米、高粱米、小米、玉米等各种主食。

这一阶段饮食中应注意补充维生素A、钙和磷。补钙时可选择含钙丰富的牛奶、孕妇奶粉或酸奶来补钙，还要补充维生素D，以促进钙的吸收。对于长期在室内工作、缺乏晒太阳机会的准妈妈更应如此。

从这个月起，准妈妈的基础代谢率也大幅度增加了，每天所需的营养要比以前更多，因而进食会逐渐增多，需要注意预防时而出现的胃胀满现象，可服用少量酵母片，以增强消化功能。

# 宜

## 吃油质鱼类有利于胎宝宝视力发育

鱼肉味道鲜美，不论是煎炒还是做汤，都清鲜可口，激发食欲，是准妈妈日常饮食中不可或缺的食物。鱼肉营养价值极高，含有丰富的优质蛋白质；脂肪含量较低，且多为不饱和脂肪酸；矿物质、维生素含量较高，含有磷、钙、铁等矿物质，含有大量的维生素A、维生素D、维生素$B_1$、烟酸。这些都是人体需要的营养素。尤其是各种油质鱼类，更是准妈妈应该在日常生活中经常食用的健康食品。

怀孕期间，准妈妈的饮食营养关乎着宝宝的视力。准妈妈如果平时多吃沙丁鱼、鲭鱼等油质鱼类，则有助于提高宝宝的视力水平。这是因为油质鱼类中含一种构成神经膜的ω-3脂肪酸，其含有的DHA有助于促进大脑内视神经的发育，从而帮助胎宝宝视力健全发展。

## 宜及时补充钙质

进入孕中期后，尤其从第5个月起，胎宝宝牙齿开始钙化，恒牙牙胚开始生出，建造骨骼也需大量的钙。准妈妈如果缺钙，就有可能出现钙代谢平衡失调。

钙是维持神经功能及肌肉伸缩力所必需的，缺钙会导致神经肌肉应激性增高，而发生小腿抽筋，严重时母体骨骼发生脱钙，使骨骼变得软化，甚至牙齿脱落。胎宝宝得不到足够的钙，很容易发生新生宝宝先天性喉软骨软化病，当新生宝宝吸气时，先天性的软骨卷曲并与喉头接触，很容易阻塞喉的入口处，并产生鼾声，这对新生宝宝健康是十分不利的。更为重要的是，胎宝宝摄钙不足，出生后还极易患颅骨软化、肋骨串珠、鸡胸或漏斗胸等佝偻病。

对准妈妈来说，食补是一条最为可靠、有效的补钙途径。从现在起，准妈妈必须每天喝250毫升的牛奶、配方奶或酸奶，同时在饮食上注意摄取富钙食物，如干酪、豆腐（半块）、鸡蛋（1～2个）、煮小虾（5大匙）、煮沙丁鱼（中等大小）、小鲱鱼干（2大匙）及适量海带或海白菜等，也可以服用钙片，使摄钙量至少达到800毫克。

## 准妈妈可以适量吃些萝卜

萝卜是一种根茎类蔬菜，从外观来分，有白萝卜、胡萝卜、青萝卜等几类，在营养上也各具特色。准妈妈吃各种萝卜，不仅有益于胎宝宝成长，同时可起到防病强身的作用。白萝卜中所含的钙、铁、磷、淀粉酶及叶酸、维生素A、维生素$B_1$、维生素$B_2$等，都是准妈妈必需的营养素。胡萝卜富含维生素A，有助于防治维生素A缺乏症（夜盲症）及胆结石。青萝卜含维生素C，可分解皮肤中的黑色素，促进机体代谢，提高免疫力。此外，所有萝卜中都含有一种名为淀粉酶的物质，可以分解食物中的淀粉和脂肪。多吃萝卜，还可促进人体对淀粉、脂肪等物质的分解。但吃萝卜时，切忌吃水果，以免两种食物相遇之后抑制人体的甲状腺功能，对母婴健康不利。

## 宜合理补充维生素E

维生素E又称生育酚或“体内警察”。它有两大功能：

◎促进脑垂体前叶性腺分泌细胞：能增强卵巢机能，使卵泡数量增多，黄体细胞增大，增强孕酮的作用，促进精子的生成及增强其活力。

◎具有抗氧化作用：在体内，它能保护红细胞及其他易氧化的物质不被氧化，从而保证各组织器官的供氧，故化学家称它为“体内警察”。研究表明，维生素E有中和有害胆固醇的作用。

准妈妈缺乏维生素E容易引起胎动不安或流产后不易再受精怀孕，还可致毛发脱落，皮肤早衰、多皱等。

因此，准妈妈要多吃一些富含维生素E的食品。葵花籽富含维生素E。准妈妈只要每天吃2勺葵花子油，即可以满足所需。富含维生素E的食品还有：麦芽糖、谷类、豆类、牛奶、鱼、绿叶蔬菜及各种植物油等。

## 忌吃松花蛋

松花蛋是比较受欢迎的一种食物，很多准妈妈都爱吃，但是松花蛋含铅，吃多了会导致铅中毒，造成流产、死胎或引起胎宝宝畸形。传统的松花蛋在腌制中要加入氧化铅等重金属，长期吃会导致铅慢性积累，沉淀在身体里，对准妈妈和胎宝宝都十分不利。那些标榜“无铅”的松花蛋，是在传统工艺上做了一些改进，用硫酸铜、锌等代替氧化铅，从而实现了“无铅”，其实“无铅”松花蛋并不是一点铅都没有，只是铅含量比传统腌制的含量要低一些，因此，为了胎宝宝，准妈妈最好不要吃松花蛋。

## 不宜多吃火锅

### 生熟混食易得寄生虫病

生肉、生鱼、生菜边涮边吃，是吃火锅的特色，但这些生的食物均易被致病微生物和寄生虫卵所污染，所以吃时必须在煮沸的汤中煮熟煮透。这一点对于准妈妈来说尤为重要。另外，准妈妈应少食火锅，如果食用火锅，熟食应该与未煮熟的食物分别用不同的碟子装，用不同的筷子夹，这样才能防止或减少消化道炎症和肠道寄生虫病的发生。

### 火锅涮肉易藏匿弓形虫

吃火锅少不了涮肉，而火锅中的肉类容易感染弓形虫。这是因为，人们吃火锅时往往只把肉片稍烫，这种短时间的加热并不能完全杀死病菌，尤其是寄生在肉片细胞内的弓形虫幼虫。准妈妈一旦食用这种感染弓形虫的肉片时，虽无明显不适或仅有类似感冒的症状，但幼虫却可通过胎盘传染给胎宝宝，从而会影响胎宝宝大脑的发育，甚至导致畸形、流产、死胎等。

### 忌喝炖煮时间过长的骨头汤

怀孕期间，有不少准妈妈为了滋补身体，也为了给胎宝宝发育补充足够的钙，常喝骨头汤。她们往往认为骨头汤熬煮的时间越长越好，不但味道美，其滋补身体的作用也更强。其实，动物骨骼中所含的钙虽然丰富，但是却不易分解。即使熬煮骨头汤的时间很长，温度很高，也不能将骨骼内的钙质完全溶化，反而会破坏骨头中的蛋白质。另外，肉类中的脂肪含量一般都很高，而骨头上总会带点儿肉，熬的时间长了，汤中的脂肪含量也会随之升高。因此，准妈妈常喝炖煮时间过长的骨头汤，不但无益，反而有害。

### 烹制菜肴时少用热性香料

女性在怀孕期间，体温较常人相对高一些，体内水分蒸腾易导致肠道津液不足，一些热性的香料，如辣椒粉、花椒、胡椒、八角、茴香、桂皮等，都有一定的刺激性，进入人体的胃肠后会进一步消耗肠道内本来就不足的水分，导致胃肠道中的水分大为不足，从而加重孕期便秘。准妈妈发生便秘症状会影响到胎宝宝的生长和发育。因为当准妈妈因便秘症状而用力排便时往往需要屏气，这样会导致准妈妈的腹压增大，进而压迫子宫内的胎宝宝，容易造成胎动不安，更严重的还会导致羊水早破、早产。准妈妈不可掉以轻心。

Tips

火锅汤底反复使用易致癌

火锅如果久煮，其中的汤易产生亚硝酸盐，若再放置过夜后重复使用，亚硝酸盐含量则会大幅度增加。亚硝酸盐进入体内易转化成具有较强致癌作用的物质——亚硝胺，从而易致癌。所以，火锅汤底不可留着反复涮菜。

## 准妈妈一日食谱推荐

**早餐**

杂粮粥、馒头蘸芝麻酱、酸奶、水果

**午餐**

米饭、胡萝卜炖牛肉、红烧黄鱼、海带汤

**晚餐**

米饭、羊肉烩宽粉、清炒莴笋

**加餐**

烤甘薯

**加餐**

葡萄、核桃

## 孕5月营养素需求

|  |  |
| --- | --- |
| 碳水化合物 | 除了每日摄取150克碳水化合物之外，准妈妈在本月还要额外摄取200～300千卡的热量。 |
| 蛋白质 | 准妈妈每日可以坚持摄取80～90克蛋白质。 |
| 水 | 以每日6～8杯水为宜。 |
| 矿物质 | 每日摄取1000毫克钙，5～6克盐。 |
| 维生素 | 每日宜摄取适量的维生素A、B族维生素、维生素C、维生素D等，其中维生素A大致为每天800～1200微克。 |

# 孕5月宜忌食物清单

孕5月胎宝宝的视力有了进一步的发育，对光线会有所反应，开始产生一定的味觉，初步有了喜怒哀乐的意识，这个阶段胎宝宝发育比较快，所以准妈妈必须要及时补充钙，保证胎宝宝的正常发育。

除以上提到的饮食宜忌食材外，准妈妈宜吃的还有：酸奶、鸡蛋、黑鱼、鲫鱼、黄豆、猪瘦肉、豆腐等；准妈妈忌吃的还有麻花、油炸类食品、卤味食品等。

## 清炒猪血

材料

猪血500克，姜10克。

调料

料酒、盐各适量。

做法

❶猪血切块，放入开水锅中汆烫，捞出滤干水分，切小块；姜洗净，切丝。

❷油锅烧热，加入猪血块及料酒、姜丝、盐翻炒，起锅时放入盐调味即可。

美食有话说 此菜有解毒清肠、养血补血的作用，适宜血虚之人食用。中医认为，父精母血是胎宝宝孕育的基础，因此准妈妈一定要多吃些能够补血的食物和菜肴。

## 盐水大虾

材料

对虾300克，葱、姜各少许。

调料

盐适量。

做法

❶将对虾去头、须、腿，剥去外皮，摘去脊背上的沙线，冲洗干净；将葱洗净，切成段。把姜洗净，切成片。

❷锅置火上，倒入水，放入虾、盐、葱段、姜片，烧开，改用小火，煮至虾熟，离火，放凉后捞出，斜切成片，按原形码放入盘中即可。

美食有话说 此菜外形美观，鲜嫩适口，含有丰富的优质蛋白质、维生素A、烟酸及多种矿物质，准妈妈可常食。

## 黄瓜炒鱿鱼

材料

黄瓜200克，银耳25克，干鱿鱼100克，姜片、蒜蓉各少许。

调料

盐少许。

做法

❶黄瓜洗净切片；银耳浸泡后沥干水分；鱿鱼浸软切片。

❷将黄瓜片、银耳先炒熟装起，再用姜片、蒜蓉炒鱿鱼片，最后把碟里的黄瓜片、银耳重新倒进锅里炒匀，加盐调味即可食用。

美食有话说 此菜富含维生素，不仅有美容的作用，还能淡化妊娠引起的色素沉着，适合有妊娠斑的准妈妈食用。另外，该菜色味俱佳，对食欲差的准妈妈来说，不失为一道开胃佳肴。

## 枸杞子蒸鸡

材料

净母鸡1只，枸杞子15克，葱、姜各适量。

调料

料酒2大匙，盐1小匙，高汤适量。

做法

❶将母鸡洗净，放入沸水锅中汆烫，捞出过一遍凉水，沥干水；葱、姜洗净，葱切段，姜切片；枸杞子洗净，备用。

❷将枸杞子装入鸡腹中，腹部朝上放入碗中，加入葱段、姜片、料酒、高汤，上笼大火蒸2小时左右，拣去姜片、葱段，加盐调味即可。

美食有话说 鸡肉和枸杞子都有补益气血、滋养精气的作用，两者搭配食用，对肾阴虚引起的神疲乏力有很好的改善作用。

## 香芹炒鳝鱼

材料

净鳝鱼肉200克，香芹150克，青椒丝、红椒丝各适量，姜末、葱段各少许。

调料

盐、鸡精各4克，干淀粉少许，料酒、水淀粉各适量。

做法

❶将香芹择洗干净，切段；鳝鱼肉切片备用；其余材料备齐。

❷鳝鱼肉片加干淀粉和少许盐、料酒抓匀腌渍片刻，滑油备用。

❸炒锅再次烧热，加油，倒入青椒丝、姜末、葱段炒香。

❹倒入香芹段、红椒丝翻炒片刻。

❺烹入料酒，倒入鳝鱼肉片略炒，加盐、鸡精调味。

❻以水淀粉勾芡，出锅装盘即可。

## 白豆腐干炒肉

材料

猪肉250克，白豆腐干150克，胡萝卜80克，葱末、姜丝各15克。

调料

老抽、料酒、盐、白糖、水淀粉各适量，干淀粉、香油各少许。

做法

❶猪肉洗净切丝；白豆腐干洗净切丝；胡萝卜去皮洗净，切丝。

❷猪肉丝加干淀粉、少许盐、料酒、老抽抓匀，腌渍片刻。

❸炒锅烧至五成热，加油，烹入料酒，倒入肉丝炒至变色。

❹放入葱末、姜丝炒香。

❺加白豆腐干、胡萝卜丝炒匀。

❻加老抽、盐、白糖调味，以水淀粉勾芡，淋香油，出锅装盘即可。

贴心提示

## 孕期需警惕羊水异常

羊水异常是指羊水过多或过少。正常情况下，羊水会随着准妈妈怀孕月份的递增而逐渐增加，一般34周时可达1000～1500毫升，以后会逐渐减少，到足月待产时，羊水会迅速减少。如果羊水的增加与消退失去平衡，就会引起羊水异常现象。

### 羊水异常的表现及危害

◎羊水过多。准妈妈如发生慢性羊水过多，则症状表现也相对不明显，一般可能出现心悸气喘、无法平卧的现象，还可能出现外阴及下肢水肿、静脉曲张等症状；急性羊水过多时，常并发妊娠高血压综合征，极易引发早产等现象。

◎羊水过少。胎宝宝可发生肢体畸形、畸足；如果子宫直接压迫胎宝宝的胸部，会导致胎宝宝肺发育不全；羊水过少、黏稠，也易导致产道润滑不足，还可能会在分娩时遇到困难，使产程延长，胎宝宝死亡率升高。

### 羊水异常的原因

◎羊水过多。具体原因不明，可能与胎宝宝畸形（如无脑儿、脊柱裂、消化道畸形、食管或小肠闭锁等），或者准妈妈患有妊娠糖尿病，或者与准妈妈孕育了双胞胎、胎宝宝过大、母婴血型不合等因素有关。

◎羊水过少。若发生在孕中期，常预示着胎宝宝可能发育异常，尤其是泌尿系统异常、合并宫内感染或染色体畸形等。如果发生在孕晚期，则可能预示着胎盘功能降低，胎宝宝宫内缺氧等。

### 羊水异常的处理方法

羊水过多合并胎儿畸形者，应及时终止妊娠。仅为羊水过多者，应查找病因，积极治疗母体疾病，视症状轻重及胎肺是否成熟，来决定是延长孕周还是终止妊娠。羊水过少合并胎儿畸形，应尽早终止妊娠。仅为羊水过少者，需查找病因，增加补液量，严密监测胎儿宫内情况。胎儿已足月、可在宫外存活者，可终止妊娠。妊娠未足月，胎肺不成熟者，可增加羊水量期待治疗，延长妊娠期。

# 孕6月 21～24周

## 胎宝宝『功能齐全』了

子宫进一步增大，腰部增粗已很明显，乳房变大。你的体形出现了准妈妈特有的体态，身体由于对增大的子宫不习惯而容易倾倒，坐下或站起时要小心。

这个月，你仍容易发生贫血，睡觉时也不能采取随心所欲的姿势。更重要的是，为了日后能顺利生出小宝贝，你应该适当地进行运动了。要保证充足的睡眠，每天至少10个小时。此外，要注意乳头保健，如乳头扁平及凹陷，要用手指慢慢捏出来，但如果有早产史或出现乳头变硬等早产症状，则不宜捏乳头。

### 瞧一瞧 准妈妈的新变化

子宫增大：6个月时准妈妈的体重会出现明显的增加，子宫也会明显增大，子宫底的高度约在耻骨联合上方18～24厘米。

动作迟缓：下腹部凸起、胀大，因此失去了以往线条分明的身材，日常的动作也会变得更迟缓。

皮肤觉得瘙痒：激素分泌旺盛，容易导致准妈妈有时皮肤瘙痒。

## 看一看 胎宝宝的可爱样

身长：6个月的胎宝宝身长为28～30厘米。

体重：体重650克左右。

有呼吸动作：这一时期的胎宝宝已有呼吸动作，但如果离开准妈妈的子宫将很难存活。

形成汗腺：汗腺在形成，上下肢的肌肉已发育良好。

“宫”中生活：能够咳嗽、打呃，皱眉、眯眼，还能够听见准妈妈的声音，在熟睡时会被外界的声音吵醒。

## 补一补 宝宝妈妈都健康

进入孕6月，准妈妈会更加丰腴，变成一个大腹便便的标准孕妇模样，此时的孕期营养很重要，但准妈妈还应以孕期体重变化的幅度来判断营养是否合理。饮食上科学控制摄入量，将体重增长维持在合理的区间，营养一般不会出现问题。进入这一阶段，由于准妈妈和胎宝宝对于营养的需求猛增，很多准妈妈可能会出现贫血，所以要注意摄入充足的铁，多吃含铁丰富的蔬菜、蛋类和动物肝脏；这段时间也容易便秘，准妈妈应常吃富含膳食纤维的新鲜蔬果、酸奶等。

此外，准妈妈应该注意的是，对食物要有所选择，不利于健康的食物，比如，辣椒、胡椒等辛辣食物和咖啡、浓茶、酒等，一定要尽量避免食用。

## 多吃防治黄褐斑的食物

有些准妈妈会在不经意间发现，不知何时，黄褐斑已悄然爬上了自己的脸庞，爱美的准妈妈当然不会任由这些讨厌的“斑纹”肆虐，可是她们往往用了数不清的方法，却难以去除黄褐斑。其实，孕期黄褐斑是可以预防的。

许多研究表明，黄褐斑的形成与孕期饮食关系密切，如果准妈妈能够适量摄取一些名为谷胱甘肽的物质，皮肤内的酪氨酸酶的活性就会增加，就可以避免黄褐斑“大举入侵”。下面推荐几种对防治黄褐斑有很好效果的食物，准妈妈们不妨试试。

◎西红柿。西红柿富含番茄红素、维生素C，是抑制黑色素形成的最好武器，有助于保养皮肤、消除黄褐斑。有实验发现，常吃西红柿可以有效减少黑色素形成。但西红柿性寒，准妈妈不宜空腹食用，否则很容易引起腹痛。

◎猕猴桃。猕猴桃含有丰富的膳食纤维、B族维生素、维生素C、维生素D及钙、磷、钾等矿物质。其中，维生素C具有抗氧化作用，可使皮肤中深色氧化型色素转化为还原型浅色素，从而有助于预防黑色素的形成和沉淀，保持皮肤白皙。但脾胃虚寒的准妈妈不可多吃，以免引起腹泻。

◎柠檬。柠檬中所含的柠檬酸能有效防止皮肤中的色素沉着，因而也有助于抗斑美容。用柠檬制成的沐浴剂洗澡还能使皮肤滋润光滑。但柠檬极酸，准妈妈不宜多吃，否则会损伤牙齿。

◎牛奶。牛奶可以提高皮肤细胞的活性、延缓皮肤衰老、刺激皮肤的新陈代谢，因而可以起到保持皮肤润泽细嫩的作用。

◎绿色蔬菜。圆白菜、菜花、丝瓜等绿色蔬菜中都含有丰富的维生素C，利于消褪色素。准妈妈经常食用可取得显著的美白效果。

◎谷皮类食物。谷皮类食物中的维生素E能有效抑制过氧化脂质产生，从而可以起到干扰黑色素沉淀的作用。

宜

## 多吃利于胎宝宝大脑发育的食物

进入孕中期后，准妈妈要多吃一些健脑的食物，这对胎宝宝大脑的发育非常有利。

### 多吃健脑食物

孕中期是胎宝宝大脑开始发育的关键时期，准妈妈应该注意从饮食中充分摄入对胎宝宝大脑发育有促进作用的食物，如黑芝麻、核桃、水果等。其中，黑芝麻含有丰富的钙、磷、铁，同时含优质蛋白质和许多能构成脑神经细胞的氨基酸；核桃的营养丰富，对大脑神经细胞的发育也十分有益；多吃水果对胎宝宝大脑的发育也有很大的好处，水果可以为脑细胞的合成提供大量的维生素。

### 主食中不可忽视的小米和玉米

在各种主食中，小米和玉米的健脑和补脑作用突出，其富含蛋白质、脂肪、钙、胡萝卜素，因而营养价值不可忽视。

### 适量进食深海鱼类

水产品，尤其是深海鱼类，可为人体提供许多易被吸收利用的钙、碘、磷、铁等矿物质，对于胎宝宝大脑的发育有着显著的促进作用。但不要吃受到重金属污染的深海鱼。

### 食用富含胆碱的食物

在孕期，胎宝宝主要的营养均来自于准妈妈。在这一时期，准妈妈体内的胆碱水平会急剧下降，而胎宝宝脑部的正常发育需要胆碱来提供充足的营养，所以，准妈妈应该提高自身的胆碱储备。胆碱主要存在于花生、土豆等食物中。

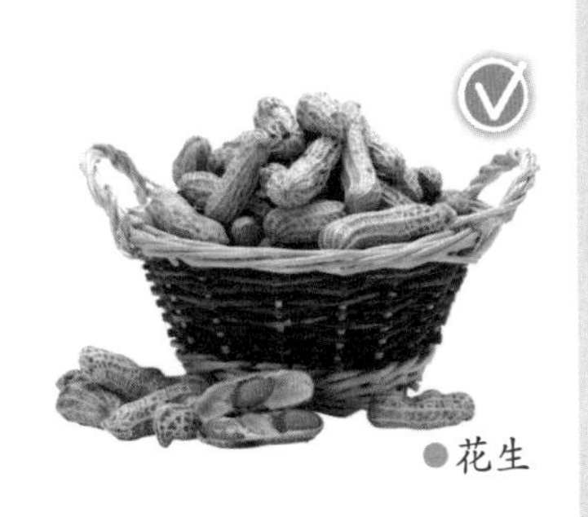

●花生

## 适量多喝点石榴汁

孕育健康聪明的宝宝是每一位准妈妈的希望。研究表明，孕期内多喝石榴汁有助于胎宝宝大脑发育，并能降低大脑发育受损的概率。

石榴汁中含有一种多酚化合物，可保护神经系统，并有抗衰老及稳定情绪的作用。准妈妈多喝石榴汁，可以维护胎宝宝的脑部健康。

## 不可滥用鱼肝油

许多准妈妈担心缺乏营养素会影响胎宝宝的生长发育，因而总是会进补很多食物。但准妈妈要注意，进补营养素最好先征求专业医生的意见，不要自己滥补。比如，鱼肝油就不可以随便补。鱼肝油虽然是孕期不可或缺的营养补充剂，可以为准妈妈健康及胎宝宝发育提供大量营养，但是如果过量食用，也会引起不良效果。

鱼肝油中富含维生素A和维生素D，准妈妈适量补充鱼肝油，可以促进对钙的吸收，有利于母体健康和胎宝宝发育，但鱼肝油也并非服用得越多越好，否则会对准妈妈和胎宝宝造成危害。因为对于普通人来说，需要维生素A的量极微，日常的饮食已经能足够满足人体需要。除非经医生确认，准妈妈确实需要服用鱼肝油，否则不要滥服。

准妈妈如果长期大量食用鱼肝油，可能会引起食欲减退、皮肤发痒、毛发脱落及维生素C代谢障碍等，这些对胎宝宝生长发育都是有害无益的。维生素A服用量过大，还可能引起胎宝宝骨骼畸形、腭裂以及眼、脑畸形等。可见，准妈妈如果过量服用鱼肝油，不但会引起孕期不适，影响自身健康，对胎宝宝的正常发育也会带来很大危害。

## 忌拿榴莲当补品

榴莲尽管气味难闻，但却是一种极具滋养效果的食物，被称为“水果之王”，民间更有“一个榴莲三只鸡”的说法。

既然榴莲如此滋补，可否给准妈妈食用呢？专家建议，最好不要！榴莲的含糖量过高，非一般水果能比。如果准妈妈用榴莲进补，则容易导致血糖升高，胎宝宝过重，增加巨大儿出现的风险。榴莲虽含有膳食纤维，但食用过多后，膳食纤维会在腹中吸水膨胀，阻塞肠道，容易导致便秘或痔疮。榴莲是温性食物，多吃还容易上火，导致烦躁、咽痛等症状，如果不幸造成胎热，就会严重威胁到胎宝宝的健康。因此，准妈妈对榴莲只可浅尝辄止，切忌当作补品来吃。

●榴莲

## 吃鸡蛋不宜过多

鸡蛋虽然营养丰富，但由于准妈妈肠胃功能有所减退，一旦食用过多，就会增加消化系统的负担，导致体内蛋白质摄入过多，肠道不能完全分解而产生大量氨气。氨气是有毒气体，一旦溶于血液，就会分解出对人体毒害很大的物质，对准妈妈的健康产生很大的副作用，如头目眩晕、腹部胀闷、四肢无力等，严重者可致昏迷，现代医学称这些症状为蛋白质中毒综合征。

可见，食用鸡蛋过多对准妈妈的身体健康危害很大。所以，准妈妈切忌一次食用过多的鸡蛋。

一般来说，按照孕期人体对蛋白质的消化、吸收的能力，准妈妈每天食用2～3个鸡蛋即可满足自身健康的营养需求，同时供给胎宝宝生长发育所需的营养。

## 准妈妈一日食谱推荐

**早餐**
豆浆、烤馒头片、鸡蛋羹

**午餐**
米饭、冬笋烧肉、青椒豆腐丝、鸭血粉丝汤

**晚餐**
花卷、炝炒空心菜、红烧大虾、虾米豆腐汤

**加餐**
西红柿、苹果

**加餐**
酸奶、香蕉

## 孕6月营养素需求

| | |
|---|---|
| 碳水化合物 | 除每日摄取150克碳水化合物外，准妈妈还要额外摄取200千卡的热量。 |
| 蛋白质 | 准妈妈每日要多摄取9克优质蛋白质，如果平时是以植物性食品为主，则每天要增加15克蛋白质。 |
| 脂肪 | 每日摄取50～60克，其中植物油约占25克。 |
| 水 | 以每日6～8杯水为宜。 |
| 矿物质 | 应加强钙、铁、碘、镁、锌、铜的摄入。 |
| 维生素 | 每日宜多摄取一些B族维生素。 |

# 孕6月宜忌食物清单

孕6月胎宝宝肌肉发育完善，活动更加活跃；大脑神经细胞发育进一步完善，有了思维活动。此阶段适时补充维生素$B_{12}$和铁，有利于胎宝宝神经系统的发育。

除以上提到的宜忌食材外，准妈妈宜吃的食材还有：苹果、核桃、猪肝、核桃、花生、果汁、全麦面包、酸奶等，准妈妈忌吃的食材还有大米饭、馒头、可乐、奶油蛋糕等。

## 豆酥圆白菜

材料

圆白菜400克，豆酥150克，蒜末、葱末各适量。

调料

盐、白糖各适量。

做法

❶将圆白菜切片，放入沸水中氽烫约3分钟后捞起，置于盘中备用。

❷油锅烧热，入蒜末、豆酥、葱末，拌炒数下，至出香后，入适量的水与所有调料拌匀，淋在圆白菜上即可。

## 葱香西蓝花牛肉

材料

A.牛肉350克，西蓝花100克，四季豆、小西红柿各适量；B.葱末、蒜末、红辣椒丁、猪肉末各适量。

调料

酱油、白糖、豆瓣酱、香油各适量，盐少许。

做法

❶牛肉洗净，切块；西蓝花洗净，切小朵；小西红柿洗净，对半切开；四季豆择洗净、切段。

❷油锅烧热，放入材料B煸炒，将熟时加酱油、白糖、豆瓣酱、香油炒匀入味，即成香葱肉臊，盛出。

❸油锅烧热，放入牛肉块炒香。

❹然后放入四季豆段、西蓝花朵、小西红柿，炒至将熟。最后倒入香葱肉臊和盐，炒匀至入味后即可。

## 沙茶猪肝

材料

猪肝300克，红辣椒、青椒各100克，洋葱、姜各适量。

调料

盐、玉米淀粉、沙茶酱各适量。

做法

❶猪肝洗净，切片，放入清水中浸泡1小时，捞出沥干，入玉米淀粉抓匀，备用。

❷姜洗净，切成细丝；红辣椒洗净，对半切开，去籽，切丝；洋葱洗净，切成丝；青椒洗净，切成丝，备用。

❸油锅烧热，入洋葱丝、姜丝爆香后，入猪肝片快速滑炒，然后入青、红椒丝炒匀，再倒入沙茶酱滑炒，加入盐调味即可。

## 燕麦山药羹

材料

山药块100克，燕麦、枸杞子各适量。

调料

冰糖适量。

做法

锅中加入适量清水，放入山药块，大火煮沸后，放入冰糖、燕麦拌匀，放入枸杞子略煮即可。

美食有话说 燕麦山药羹口味清香，有补血、补钙的功效，准妈妈可常吃。

## 紫菜虾皮蛋花汤

材料

紫菜30克，虾皮50克，白菜叶50克，鸡蛋1个，葱末适量。

调料

盐、醋各少许。

做法

❶将虾皮用温水泡软，洗净沥干；鸡蛋磕入碗中，加醋，打散；紫菜撕碎，放入碗中备用。

❷油锅烧热，放入葱末炒香，再添入适量开水，放入虾皮煮至熟透。

❸然后加入盐、白菜叶。

❹淋入鸡蛋液，待蛋花浮起时，倒入盛有紫菜的碗中即可。

## 鲫鱼蒸蛋

材料

鲫鱼300克，鸡蛋4个，葱丝、红椒丝各适量，香菜叶少许。

调料

盐1小匙，酱油少许。

做法

❶鲫鱼宰杀后，去鳞以及内脏，然后用清水反复冲洗干净，再在鱼身的两边各剞几刀。

❷鲫鱼放入沸水中氽烫片刻，捞出沥干，将其平放于盘中，备用。

❸鸡蛋打入碗中，加入适量清水、盐、色拉油搅拌均匀，然后倒入放有鲫鱼的盘中。

❹把盘移入蒸笼蒸6～8分钟，待鱼熟、蛋液凝固后取出，淋入酱油，撒上葱丝、红椒丝、香菜叶即可。

贴心提示

# 用饮食改善静脉曲张

静脉曲张是孕期常见的生理变化，有的准妈妈对此可能不会有特别明显的不舒服的感觉，但也有许多准妈妈会感到不适，如腿部沉重、疼痛，静脉曲张周围部位的皮肤也可能会有发痒、抽痛或灼热感。有些准妈妈担心这种情况会给胎宝宝的健康发育造成负面影响，下面介绍一些相关知识，可以帮助准妈妈了解和应对静脉曲张。

## 引发静脉曲张的原因

有些准妈妈进入孕中期后，下肢或会阴部会出现静脉曲张，这是因为随着胎宝宝的生长发育和羊水量的增加，子宫会压迫盆腔内的静脉和下肢静脉，使静脉血液回流受阻，致使下肢尤其是腿部的内侧面、会阴和足背的静脉弯曲鼓露，形成静脉曲张。也有的准妈妈在孕晚期时，由于体内产生的雌激素增多，导致外阴部静脉曲张。准妈妈遇到静脉曲张时不要过于紧张，尤其是初产妇，因为这种妊娠性静脉曲张会随着妊娠的结束而慢慢消失。

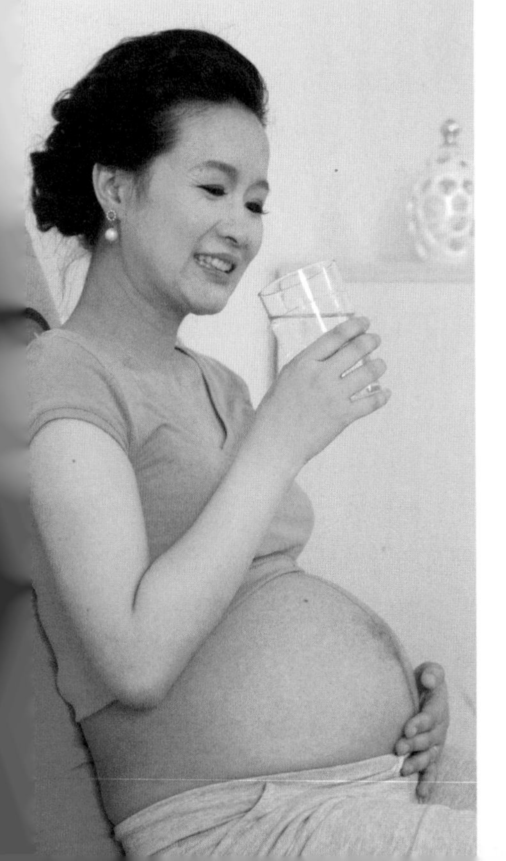

## 缓解静脉曲张的饮食方法

饮食在缓解静脉曲张的症状中起着重要作用。准妈妈在日常生活中坚持科学合理的饮食，可以为自身及胎宝宝提供充足的营养，从而有效预防和减轻静脉曲张症状。

◎食用低热量食物。为减少身体脂肪堆积，准妈妈进入孕中期后可以食用低糖、低脂肪的食物，如芹菜、鲤鱼、牡蛎、脱脂牛奶等，可以促进血液循环，保持合理体重，避免因过多的脂肪堆积而加重水肿，使腿部和腹部的压力增加，从而加重静脉曲张症状。

◎补充水分，促进新陈代谢。水分是新陈代谢过程中的重要物质，它可以把新陈代谢产生的废物排出体外，保持身体健康。所以，为了促进食物和各种营养成分的代谢，缓解静脉曲张，准妈妈要多喝水。另外，准妈妈也可以多吃蔬菜和水果来补充水分。

# 孕7月

25～28周

## 孕味十足的准妈妈

此时的你在体态上完全呈现出一副准妈妈的样子了。日渐增大的胎宝宝使你的动作越来越笨拙和迟缓。只要身体稍微失去一点平衡，你就会感到腰酸背痛。你经常会因腹部的沉重而感到身体疲倦，便秘、痔疮、腿脚水肿等不适也接踵而来。

怀孕中期是较为稳定的阶段，适当做一些力所能及的家务，不仅不会对你的身体产生坏处，还有助于顺利分娩。不过，在做家务时应避免碰撞腹部或劳损腰部。

### 瞧一瞧 准妈妈的新变化

大腹便便：子宫增大使子宫底的高度可达脐孔上三横指，若从耻骨联合上缘测量其高度为26～29厘米。上腹部明显凸起，可以称得上“大腹便便”。

腰背酸痛：由于腹部隆起，胸部必须向后，颈部向前，脊柱前凸才能使身体的重心保持平衡，因此易引起背部部分肌肉的过度劳累，从而感到腰背酸痛。

子宫开始敏感：子宫肌肉对外界的刺激开始敏感，如果用手稍用力刺激腹部可能会出现较微弱的收缩或者准妈妈会偶尔觉得肚子一阵阵发硬发紧，这是假性宫缩，属正常现象。

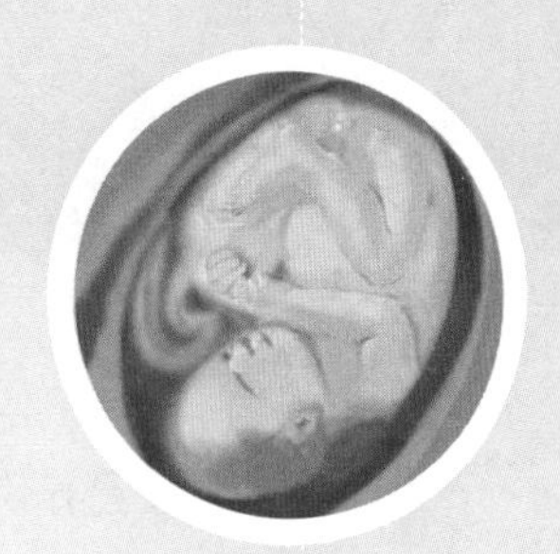

## 看一看 胎宝宝的可爱样

貌似老人样：身长35厘米，体重可超过1000克，皮下脂肪仍很少，皮肤呈粉红色，有皱纹，因而面貌似老人。皮肤胎脂较多，头发约半厘米长。指（趾）甲尚未超过指（趾）端。

大脑开始发达：这时胎宝宝的大脑开始发达，并能控制身体的动作。

视觉系统：视网膜层完全形成，能够区分光亮与黑暗，上下眼睑已分开。

运动系统：此期娩出后四肢活动良好，能够啼哭及吞咽，但宫外的生活能力弱，如果在优越的条件下监护可能存活。

## 补一补 宝宝妈妈都健康

本月是孕中期的最后一个月，很多和营养有关的问题可能会在这时出现，如孕期贫血、便秘等。这也表示，准妈妈在前期的饮食可能存在问题，所以才会出现这样的症状。不过，只要准妈妈掌握合理科学的饮食原则，这些问题都可以很快调整过来。

多吃健脑食品：这个阶段，胎宝宝的大脑发育进入了高峰期，脑细胞体积增大，开始迅速增殖分化，所以准妈妈应该多吃核桃、花生等健脑食品。

增加粗粮供应量：从现在开始到分娩，准妈妈应该增加粗粮的摄入量，尤其是谷物和豆类，更要多吃。因为谷物和豆类富含膳食纤维，B族维生素的含量也很高，对胎宝宝大脑发育有重要作用，而且这些食物对准妈妈的便秘也有缓解作用。

宜

## 坚果营养多，准妈妈要常吃

坚果营养价值高，对于准妈妈来说很重要。坚果中富含蛋白质、脂肪、碳水化合物以及维生素、各种矿物质、膳食纤维等营养成分。

准妈妈常吃坚果，不但可以加强自身营养，还可以促进胎宝宝发育，尤其是对胎宝宝脑部的发育有非常良好的补益功效。

### 核桃

核桃可以补脑、健脑，对于胎宝宝的大脑发育非常有利。

核桃还可以增强机体抵抗力、镇咳平喘。准妈妈可以把核桃作为首选的补脑食物。

### 葵花子

葵花子富含亚油酸，可以促进胎宝宝大脑发育，还含有大量维生素E，对于促进胎宝宝血管发育也大有益处，还能促进黄体酮的分泌，有助于安胎。

葵花子中的镁含量丰富，有助于准妈妈稳定血压和神经系统，每晚吃一把葵花子有助于安眠。

### 松子

松子含有丰富的维生素A和维生素E、油酸、亚油酸和亚麻酸以及人体必需的脂肪酸，有利于准妈妈保持健康及促进胎宝宝发育。

## 多摄入植物油

植物油主要包括橄榄油、黄豆油、玉米油、葵花籽油等。植物油中含有人体所必需的脂肪酸，还含有大量的维生素，对人体健康有益。比如，橄榄油可以软化血管、降低血糖；黄豆油、玉米油等则可以增强人体免疫力，改善皮肤状况，还有降低血压的作用。在孕中、晚期，胎宝宝机体和大脑器官发育速度加快，对脂质及必需脂肪酸的需要进一步增加，准妈妈必须及时给予补充，才能保证胎宝宝的健康发育。增加植物油的摄入不仅可以保证孕期所需的脂质，还提供了丰富的必需脂肪酸。如果不想增加烹饪的油量，准妈妈可吃些花生、核桃、葵花籽、黑芝麻等油脂含量高的食物，也能满足人体对脂肪的需求。

## 宜补充微量元素

人体内微量元素参与细胞繁殖、生长发育、新陈代谢等全部生命活动。按照需要，合适而均衡地供给是保障生命活动正常进行所必需的。在孕中期准妈妈要适当进补微量元素。人体需要的微量元素如下：

### 铁

铁是合成血红蛋白的原料，缺铁可以造成贫血。生育年龄的女性每次月经失血量为30～80毫升，其中铁的丢失量每月平均为0.4毫克。因此，大多数女性都有部分或完全的铁储备耗竭情况出现，以至孕前就可能存在缺铁了，所以在孕期的饮食中应适量补充铁质。

### 锌

锌是组织生长所必需的微量元素。锌缺乏的表现是：生长迟缓或停滞，食欲不振或味觉改变，皮肤、毛发及指甲病变，性功能发生障碍，以及骨骼生长异常等。妊娠早期缺锌可导致早产、胚胎异常或宫缩乏力性出血。所以锌对人体至关重要，在孕中期也要继续补充。

### 碘

碘在甲状腺素的合成和代谢中具有重要作用，缺碘可导致甲状腺肿大。碘主要含于水产品中，准妈妈多吃些海带，但最好不要食用含碘的药物。含碘药物与胎宝宝畸形有着密切关系，因此，准妈妈不可大量或长期应用含碘药物。

### 叶酸

叶酸是B族维生素类的一种，为细胞中形成脱氧核糖核酸所必需。研究显示，曾有过流产史的准妈妈中，80%的人叶酸摄入过少。准妈妈在摄取足够的营养成分之外，补充小剂量叶酸，可以预防准妈妈流产、贫血，胎宝宝宫内发育迟缓等症。

### 锰

锰参与酶系统的构成，与能量代谢及脂质代谢有关，所以准妈妈食用会对胎宝宝的这方面有利。缺锰极少有临床表现，只有极少数人会出现鳞

屑性皮炎，或头发由黑变红。准妈妈不能在出现此症状时再补充，要在日常生活中不断地补充。

钴

钴是维生素$B_{12}$分子组成的一部分。缺钴可以发生巨幼细胞性贫血、痴呆、急性脊髓变性的周围神经病变，所以准妈妈在日常生活中也要注意补充。

## 宜继续增加热能、脂肪和优质蛋白质

由于孕中期基础代谢加强，对糖的利用增加，应在孕前基础上增加能量，每天主食摄入量应达到或高于400克，并且精细粮与粗杂粮搭配食用，热能增加的量可视准妈妈体重的增加情况、劳动强度进行调整。

此时，脂肪开始在准妈妈的腹壁、背部、大腿等部位存积，为分娩和产后哺乳做必要的能量贮存。

另外，为了满足母体和胎宝宝组织增长的需要，并为分娩消耗及产后乳汁分泌进行适当储备，准妈妈还应适当增加蛋白质的摄入量，每天可比妊娠早期多摄入15～25克，其中动物蛋白质应该占全部蛋白质的一半以上。

## 宜补充DHA和ARA

DHA（脱氧核糖核酸）和ARA（花生四烯酸）是具有重要生理功能的长链多元不饱和脂肪酸，可以促进脑部及视网膜的发育。DHA存在于人体的视网膜及大脑皮质细胞中，是神经及视网膜正常发育所需的必要物质。ARA存在于体内细胞中，是细胞膜的重要组成物质。

孕期胎宝宝的脑细胞正在生长和发育。如果DHA摄取不足，婴儿出生时体重可能偏低，并且容易导致早产。

因此，孕中期摄取足量的DHA，可以促进胎宝宝的脑部发育，并且改善睡眠情况。ARA也是胎宝宝成长所必需的物质，缺乏时会影响神经细胞发育，如果早产儿缺乏ARA，还会造成其生长迟缓。

## 忌暴饮暴食

这段时间，胎宝宝成长迅速，准妈妈要及时补充营养，但注意不能暴饮暴食。既要注意摄入充足的营养，又要注意饮食有节。无论餐桌上摆的是自己爱吃的食物还是不爱吃的都要吃到八成饱。

如果吃到十二分饱，会使消化系统的负担增加，轻则造成消化不良、胃炎、肠炎，重则引起急性胰腺炎等。另外，如有条件，在怀孕期间最好由三餐改为五餐。少吃多餐，有利于消化吸收，还会减少体内脂肪积聚，防止发胖。

另外，爽口、清淡的菜，比较适合夏季食用。像氽烫、凉拌食物不仅能保留食物养分，烹煮方式也较简单，准妈妈们不妨试试。

## 忌孕期不吃早餐

许多准妈妈为了减肥，往往控制早餐食用量，甚至不吃早餐。有的准妈妈过于“懒惰”，睡眠的时间较多，耽误了早餐的时间；也有的准妈妈仍坚持上班，为了赶时间，常常会忽略早餐。这些都对身体有着非常不利的影响。所谓“一日之计在于晨”，早餐是非常重要的。经过一夜的睡眠，激素分泌降低，大脑细胞缺乏能量供应。如果忽略了吃早餐，整个上午都会没有精神，思路不够清楚，反应也会变慢。胃部的空腹蠕动会伤及胃黏膜，再次进食也会增加食物的吸收率，容易造成脂肪在体内堆积。因此，准妈妈应规律饮食，保证每日定时吃早餐。

## 准妈妈不能吃太多甘蔗

甘蔗是一种含糖量较高的食物，为避免血糖升高，准妈妈最好少吃。尤其进入孕中期后，如果准妈妈大量食用甘蔗，则容易增加罹患妊娠期糖尿病的风险。

同时，体内糖分过多会对代谢造成影响，导致准妈妈血液呈酸性。酸性环境不利于胎宝宝发育，甚至还会导致胎宝宝畸形。

吃甘蔗还容易加速准妈妈皮肤上的葡萄球菌生长繁殖，引发皮肤起小疖子或疖肿。葡萄球菌一旦进入血液，则会引发菌血症，威胁到准妈妈和胎宝宝的健康。

## 准妈妈一日食谱推荐

### 早餐
烧饼、牛奶、水煮鸡蛋、水煮玉米

### 午餐
米饭、糖醋排骨、海米油菜、清蒸金枪鱼

### 晚餐
馒头、素炒空心菜、豉椒炒蛤蜊、蜂蜜蒸山药

### 加餐
香蕉、草莓、苹果

### 加餐
腰果、开心果

## 孕7月营养素需求

|  |  |
| --- | --- |
| 碳水化合物 | 每日宜摄取400～450克碳水化合物。 |
| 蛋白质 | 每日需摄入75～95克。 |
| 脂肪 | 每日宜摄取60克左右。 |
| 水 | 以每日6～8杯水为宜。 |
| 矿物质 | 应加强钙、铁、碘、镁、锌、铜的摄入。 |
| 维生素 | 每日宜摄入大量的富含各种维生素的食物。 |

# 孕7月宜忌食物清单

孕7月胎宝宝的听力已经很发达，可以分辨爸爸妈妈的声音，肺部发育完善，呼吸发达；头脑发育基本完成，此阶段需要补充EPA（二十碳五烯酸）、DHA（二十二碳六烯酸）、卵磷脂、脑磷脂等。

除以上提到的宜忌食材外，准妈妈宜吃的食材还有：稻米、小麦、大麦、核桃、松子、猪蹄、带鱼、圆白菜、猕猴桃、苹果、芹菜；准妈妈忌吃的食材还有：八角、花椒、桂皮、甘蔗等。

## 多彩猪血煲

材料

猪血450克，油菜300克，豆腐1块，虾皮适量。

调料

盐适量。

做法

❶猪血、豆腐分别洗净，切小片；油菜洗净，备用。

❷锅置火上，加入适量清水，煮沸后放入虾皮略煮。

❸放入猪血片、豆腐片、油菜，煮5分钟左右，最后加盐煮至入味即可。

美食有话说 油菜为低脂肪蔬菜，且含有膳食纤维，对脾胃有一定的益处，适宜孕中晚期的准妈妈食用。

## 豆腐海鲜汤

材料

豆腐500克，牡蛎肉100克，净花蛤、白菜叶、黄甜椒圈、葱、姜、蒜各适量。

调料

盐适量。

做法

❶豆腐洗净，切大块；牡蛎肉用盐水洗净，捞出；白菜叶洗净，切段；葱洗净切末；姜洗净拍散；蒜去皮切末，备用。

❷锅置火上，加入适量水，放入豆腐块，调入盐，煮至入味。

❸然后放入牡蛎肉、花蛤、白菜叶、葱末、姜、蒜末，煮至牡蛎肉熟。

❹最后放入盐、黄甜椒圈煮至入味盛出即可。

## 红烧虾末豆腐

材料

豆腐200克，虾米20克，葱、香菜叶各适量。

调料

A.盐、白糖、香油各半小匙，酱油1大匙；B.水淀粉1大匙。

做法

❶虾米放入水中清洗净，放入碗中加入适量水浸泡10分钟，备用；葱洗净，切末；豆腐洗净，切长片。

❷锅中倒入3大匙油烧热，放入豆腐片，煎至两面金黄色，盛出。

❸锅中留余油烧热，爆香葱末，放入虾米及调料A炒香。

❹加入豆腐片拌炒，再加入调料B调匀，出锅盛盘后点缀香菜叶即可。

## 丝瓜炒鸡蛋

材料

丝瓜2根，鸡蛋3个，姜适量。

调料

盐、醋、水淀粉各适量。

做法

❶丝瓜去皮，洗净，切滚刀块；姜洗净，切丝。

❷鸡蛋打散，加入盐拌匀，用3大匙油炒成蛋花，盛出。

❸另置炒锅，倒入2大匙油烧热，爆香姜丝，再放入丝瓜块和醋炒熟，随后加盐调味，再倒入炒好的蛋花同炒。

❹加入水淀粉勾芡，炒匀盛出即可。

## 碧绿什锦

材料

西蓝花块100克，竹笋段50克，香菇块50克，白果50克，枸杞子、胡萝卜片、黑木耳丝各少许，姜片2片。

调料

盐2小匙，鸡精适量，水淀粉适量。

做法

❶西蓝花块放入加少许盐的沸水中焯烫熟，取出；香菇、竹笋段、白果放入沸水中焯烫一下取出；枸杞子泡软备用。

❷锅中加油烧热，爆香姜片，下西蓝花块、黑木耳丝略炒。

❸再放入剩余材料炒熟。

❹调入盐、鸡精拌炒均匀，用水淀粉勾芡即可。

## 红烧鸡丁豆腐

材料

老豆腐1块，鸡胸肉200克，荷兰豆50克，玉米粒30克，干辣椒段适量，蒜片适量。

调料

水淀粉、红烧酱油、盐各适量。

做法

❶鸡胸肉洗净，切小丁，加水淀粉、盐腌渍片刻，放入热油锅中用大火煸炒至发白后盛出。

❷老豆腐洗净，切成丁，放入热油锅中稍煎盛出。

❸油锅烧热，爆香干辣椒段和蒜片，下鸡胸肉丁、老豆腐丁、红烧酱油、盐和清水。

❹用中火烧2分钟左右，再放入荷兰豆和玉米粒烧至所有材料熟透，勾芡即可。

贴心提示

## 胎宝宝并非越大越健康

很多准妈妈认为，怀孕时胎宝宝长得越大，证明营养越充足，宝宝生下来后也会更健康。其实不然，刚出生的宝宝如果体重过大，虽然看上去很壮实，实则抵抗力很弱。下面就来介绍一下影响胎宝宝大小的原因及胎宝宝过大的危害。

### 判断胎宝宝过大的方法

衡量胎宝宝是否过大需要注意两个方面：估算胎宝宝本身的体重；评估准妈妈的身型和骨盆腔大小。这是因为，如果准妈妈的身材较为高大强壮，那么胎宝宝体重在很大程度上可能会较重。

### 胎宝宝过大与饮食有直接关系

一般来说，如果准妈妈在整个孕期饮食不规律，体重增加幅度过大，导致胎宝宝吸收了过多的营养，就很可能造成胎宝宝体重过大，也很容易给正常分娩带来困难。

### 孕期怎样避免胎宝宝过大

当发现胎宝宝过大时，首先应排除的是因病理性的妊娠糖尿病所引起的。如果是因妊娠糖尿病引起，须先控制准妈妈的血糖。

如果胎宝宝过大纯粹是因为准妈妈在平时摄取营养过多所致，则须严格控制准妈妈的饮食，均衡饮食营养。准妈妈在从食物中补充脂肪及蛋白质的同时，还要多吃一些蔬果，以补充维生素及矿物质，避免因单纯摄入过多热量而让胎宝宝长得更大，导致分娩困难。准妈妈需要注意的是，在控制饮食时不要给自己施压，以免心情波动大，影响胎宝宝生长发育。

# 孕8月 29～32周

## 胎宝宝开始为出生做准备

此时，准妈妈的体重增加很快，总体重比妊娠前重8～9千克。循环和代谢加快，心脏血液搏量增加。宫底越来越高，使你无论是站还是走都不得不挺胸昂头。身体越来越笨重，给你带来很多不舒服，

到了这个月，是准妈妈懒得活动的时期。就像长途旅行者，千辛万苦已经走完了一大半路，眼看就要到达终点了，所以更不能掉以轻心，以免发生早产。要注意休息，不可过于劳累。本月是妊娠后负担加重的时期，容易出现一些并发症，尤其是有内科疾病的准妈妈，更要防范病情加重，定期做检查。

### 瞧一瞧 准妈妈的新变化

容易患上呼吸道感染：准妈妈身体负担加重，局部抵抗力降低，比较容易发生上呼吸道感染。

胃部灼热：因为子宫增大，胃内压力增高，准妈妈的胃蠕动加强，这会使含有胃液成分的胃内存物反流到食管下段，从而引起胃部灼热。

患痔疮：妊娠期盆腔脏器的血管分布增多，再加上增大的子宫压迫阻碍静脉回流，以及肠道平滑肌张力松弛，造成便秘，从而易患痔疮或加重原有的症状。

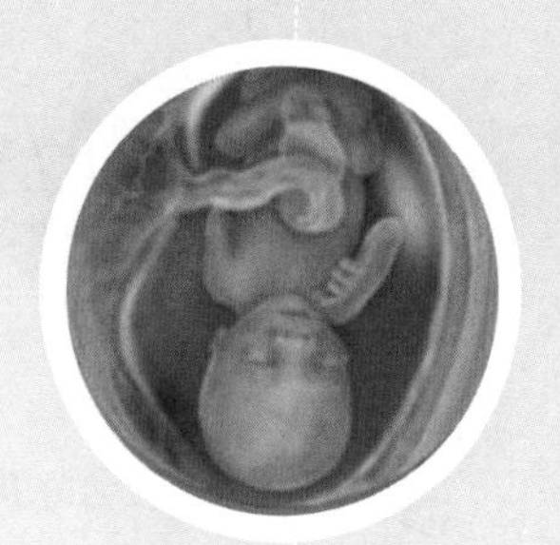

## ❀看一看 胎宝宝的可爱样

基本情况：在这段时间里，胎宝宝的发育、生长速度极快，身长约40厘米，体重约1700克。

胎位固定：由于身长、体重的增加，胎宝宝在宫内的活动余地相对减少，胎位也变得较为固定。

头倒转：大多数胎宝宝在宫内的位置已经转成头部朝下，位于准妈妈的骨盆入口处，即头位。这是最有利于顺产的胎位。少数胎宝宝臀部位于准妈妈的骨盆入口处，形成臀位，这是一种异常的胎位。

## ❀补一补 妈妈宝宝都健康

进入本月，胎宝宝的体重快速增加，生长速度达到最高峰。同时，准妈妈的基础代谢率也达到最高峰，也会因身体笨重而行动不便。由于子宫占据了大半个腹部，导致胃部被挤压，从而使进食量受到影响，常有吃不饱的感觉。准妈妈应尽量补足因此而减少的营养，可一日多餐，均衡摄取各种营养素，防止胎宝宝发育不良。

由于本月胎宝宝开始在肝脏和皮下储存糖原及脂肪，所以准妈妈除了要继续摄取足够的优质蛋白质、铁、钙等营养素外，也应注意碳水化合物的摄取。

另外，准妈妈的饮食不可毫无节制，应该注意控制体重在这个阶段的增加值，还要多吃有助于预防感染和增强抵抗力的食物。

## 宜适当吃些玉米

进入孕晚期，准妈妈对各种营养的需求都会进一步增大，但同时又非常具有针对性，而玉米所含营养丰富，特别适宜此时食用。

玉米对人体健康非常有益，特别是对准妈妈来说更加有益。玉米全身都是宝，各个部分都有不同的营养成分。玉米须煎水代茶饮，有利尿、降压、清热、消食、止血、止泻等功效，可用于预防妊娠高血压综合征、肝胆炎症以及消化不良等疾病。玉米的胚芽及花粉富含天然的维生素E，处于孕晚期的准妈妈常吃可以增强体力及耐力，能够为以后的分娩打下良好的身体基础。玉米油中也富含维生素E，常吃不仅能改善皮肤粗糙，而且还能降低血液中胆固醇的含量，可预防动脉粥样硬化及冠状动脉粥样硬化性心脏病。

另外，不同种类的玉米，其营养与功效也各有不同。黄玉米富含镁元素，而镁元素能够帮助血管舒张，加强肠壁蠕动，增加胆汁，促使人体内废物的排泄，有利于身体新陈代谢。它还富含谷氨酸等多种人体所需的氨基酸，能够促进胎宝宝大脑细胞的新陈代谢，有利于排除脑组织中的氨。红玉米富含丰富的维生素$B_2$，可补充孕晚期急剧增加的维生素需求量。准妈妈常吃可以预防及治疗口角炎、舌炎、口腔溃疡等维生素$B_2$缺乏症。

## 准妈妈可以吃一些西瓜

西瓜中的营养成分非常丰富，比如大量的葡萄糖、苹果酸、果糖、蛋白氨基酸、番茄红素等，西瓜中维生素含量尤其丰富，比如B族维生素、维生素C等。西瓜中还有铁元素，可以为准妈妈体内补充一定量的铁质，改善准妈妈的缺铁性贫血症状；西瓜中的糖分可以为准妈妈提供能量，还有保护肝脏的作用；西瓜还有促进乳汁分泌的作用，可以为产后哺乳奠定营养基础；西瓜还可利尿消肿，降低血压，有效预防孕期高血压综合征。可见，西瓜真是孕晚期准妈妈的营养佳品。平时把西瓜榨汁当做饮料饮用，也可以收到以上功效。但有孕期糖尿病症状的准妈妈则应该忌食西瓜。

## 孕晚期如何补益胎宝宝的大脑

孕晚期时，胎宝宝的大脑发育进入了又一个关键时期。准妈妈在日常生活中适量摄入一些健脑食物，对于胎宝宝大脑发育极为有益。

一般来说，健脑食物具备3个因素，即能够通过血脑屏障、含有能加强记忆力的高质量蛋白质和能保证大脑对维生素、微量元素的需求。在食物的各种营养成分中，脂肪、蛋白质、碳水化合物、B族维生素、维生素C、维生素E、维生素A、钙8种营养元素，对脑的健全发育起重要作用。准妈妈在孕晚期充分保证这8种营养成分的供应，能在一定程度上促进胎宝宝大脑细胞的发育。所以，准妈妈要在孕晚期优先吃一些富含健脑成分的食物，以保证胎宝宝身体和大脑发育所需的营养。

具体来说，在人体脑细胞的组成中，超过一半的物质为不饱和脂肪酸，但人体自身并不能合成不饱和脂肪酸，只能依靠食物供给。所以，准妈妈要多摄取富含不饱和脂肪酸的食物，核桃仁、黑芝麻、黄花菜、鹌鹑肉、牡蛎、虾等食物中，就富含不饱和脂肪酸。

富含蛋白质的食物主要有牛奶、鱼类、豆制品、畜禽肉和动物内脏等。各种新鲜蔬菜和水果中则含有大量维生素，而碳水化合物在一般食物中含量都很丰富。此外，各种豆类、豆制品中的卵磷脂含量也很丰富，卵磷脂能释放出一种增强记忆力的重要物质——乙酰胆碱。核酸是掌管记忆的最重要物质，也是胎宝宝的大脑神经发育必不可少的物质，各种鱼类、奶类食物中都含有组成核酸的特殊氨基酸，准妈妈可在日常饮食中适量摄取。

准妈妈在平时还可以适量食用海鱼、贝类等，它们富含脂肪、胆固醇、蛋白质、维生素A和维生素D等各种营养物质，对胎宝宝眼睛、皮肤、牙齿和骨骼的正常发育都有非常大的好处。

## 孕晚期宜控制食量

在孕程中，“一人吃，两人补”的观念是不科学的。身体健康的准妈妈应该保证有充足的营养，但过量的食物无论对胎宝宝还是对准妈妈都是有害的。

妊娠性肥胖在胎宝宝娩出后仍难以纠正，特别是当准妈妈习惯了过量饮食后，很难将饭量减到原来的水平。肥胖的准妈妈易患妊娠高血压和糖

尿病，还会导致消化不良及胃病。因而准妈妈应避免暴饮暴食。

如果准妈妈已经发胖，也没有必要每顿饭都要掰着手指计算一个馒头、一碗饭含多少热量，只要注意少吃或不吃易引起肥胖的食物就可以了，如油炸食品、猪肉、动物油等。

## ⊗忌不吃荤

有些准妈妈在孕晚期担心身体发胖，平时都是吃素食，不吃荤食。事实上这样对胎宝宝的视力会有影响，甚至会导致失明。国外有人用猫进行实验，结果表明，如果增加孕猫的牛磺酸食用量，有助于幼猫视力的发育；如果明显降低孕猫的牛磺酸食用量，则幼猫在胎宝宝期和出生后均出现持久的视力失常，部分孕猫在繁殖过程中还会出现严重的视网膜退化，个别的还会导致自身失明。

准妈妈全吃素食而不吃荤食，就会造成牛磺酸缺乏。因为荤食大多含有一定的牛磺酸，再加上人体自身也能合成少量的牛磺酸，因此，正常饮食的人不会出现牛磺酸的缺乏。对于准妈妈来说，由于牛磺酸的需求量比平时增大，人体本身合成牛磺酸的能力又有限，加之全吃素食，而素食的牛磺酸含量很少，久之，必然造成牛磺酸缺乏。因此，从外界摄取一定数量的牛磺酸就十分必要了，这种摄取，当然要靠适当吃些荤食。

那些在孕晚期还不想吃荤食的准妈妈，为了自身健康，为了婴儿的正常发育，请适当食用些鲜鱼、鲜肉、鲜蛋、小虾、牛奶等含牛磺酸的荤食，以避免造成大人、孩子的视力异常。

## 忌吃过敏性食物

如果此时准妈妈喝酒、吸烟、滥用药物，对胎宝宝的危害是很大的，这一点准妈妈应了解并注意防范。但是，准妈妈对于食用过敏食物对胎宝宝发育的影响却并不了解，或者不太重视，因而往往因吃了过敏食物造成流产、早产、畸形等，即便按期生育，也可致婴儿患多种疾病。

据美国学者研究发现，约有50%的食物对人体有致敏作用，只不过有隐性和显性之分。有过敏体质的准妈妈可能对某些食物过敏，这些过敏食物经消化吸收后，可从胎盘进入胎宝宝血液循环中，妨碍胎宝宝的生长发育，或直接损害某些器官，如肺、支气管等，从而导致胎宝宝畸形或患疾病。

准妈妈应该如何预防食用过敏食物，可从以下5个方面注意：

◎以往吃某些食物发生过敏反应现象，在怀孕期间应禁止食用。

◎不要食用过去从未吃过的食物或霉变食物。

◎在食用某些食物后，如发生全身发痒、出荨麻疹或心慌、气喘以及腹痛、腹泻等现象时，应考虑到食物过敏，立即停止食用这些食物。

◎不吃或慎吃容易致敏的食物。对水产品可先少量吃，看是否有过敏反应再决定以后是否食用。

◎食用蛋白类食物，如动物肉、肝、肾，蛋类，奶类，鱼类等应烧熟煮透，以减少过敏。

## 忌吃没有熟透的扁豆

扁豆的营养十分丰富，不仅含有丰富的维生素和多种氨基酸，经常食用扁豆还能健脾胃、增进食欲，对孕晚期的准妈妈十分有利。

然而，扁豆中含有一种有凝血作用的物质，食用前一定要充分加热，将其破坏。如果吃了未熟透的扁豆，则容易导致食物中毒。因此，炒扁豆时，火候要够，时间要长；凉拌扁豆应先将其放入开水中焯烫至熟；如果采用炖食的方法则相对安全。

此外，准妈妈还要避免在大锅炒菜的食堂吃扁豆，也不要吃电锅炒制的扁豆，以免扁豆受热不均，未能熟透。

## 准妈妈一日食谱推荐

**早餐**

馒头、牛奶、水煮鸡蛋

**午餐**

米饭、红烧鸭块、炒花生米、海带肉丝汤

**晚餐**

米饭、肉末烧茄子、素炒冬瓜、荠菜豆腐汤

**加餐**

饼干、面包

**加餐**

苹果、鲜榨果汁

## 孕8月营养素需求

|  |  |
| --- | --- |
| 碳水化合物 | 每日宜摄取约400克碳水化合物。 |
| 蛋白质 | 每日宜摄入75~100克。 |
| 脂肪 | 每日宜摄取60克。 |
| 水 | 以每日6~8杯水为宜。 |
| 矿物质 | 日常饮食中要减少盐的摄入。 |
| 维生素 | 每日宜摄入大量含有各种维生素的食物。 |

# 孕8月宜忌食物清单

孕8月胎宝宝的记忆力进一步增强，听觉更加完善，根据妈妈的声音强弱，能够感知妈妈的情绪，随着胎宝宝的快速发育，准妈妈和胎宝宝对营养的需求增强，这个结算需要补充大量的碳水化合物，确保蛋白质的吸收。

除以上提到的饮食宜忌外，准妈妈宜吃的食材还有：鱼、面包、牛奶、蛋黄、豆类、紫菜、核桃及绿叶蔬菜、虾皮、海藻等；准妈妈忌吃的食材还有腊肉、咸菜、鹿茸、人参等。

## 玉米什锦汤

材料

玉米50克，大米50克，木瓜、胡萝卜各40克。

调料

盐适量。

做法

❶玉米洗净，入锅中蒸至熟，切块；大米淘洗干净；木瓜洗净，去皮，去籽，切块；胡萝卜去皮洗净，备用。

❷胡萝卜放入蒸锅中蒸熟，与木瓜块搅打成蓉，备用。

❸锅置火上，加入适量清水，放入玉米块、大米，小火煮20分钟，然后放入胡萝卜木瓜蓉，煮沸后调入盐即可。

## 咸蛋丝瓜

材料

丝瓜400克，熟咸蛋2个，鸡蛋2个，腰果少许，蒜2瓣。

调料

盐1小匙。

做法

❶将丝瓜去皮洗净，切成滚刀块；将熟咸蛋碾碎后加入鸡蛋，打散搅拌；蒜切末，备用。

❷油锅烧热，放入腰果，炸至金黄色捞出备用。

❸锅内留油，将搅拌好的鸡蛋液炒熟，盛出备用。

❹锅内留底油，放入少许蒜末炒出香味后加入丝瓜块、少许水，待丝瓜炒软后加入炒好的鸡蛋、腰果和剩余的蒜末，最后加入盐翻炒均匀，出锅。

## 家常黄鱼

材料

大黄鱼300克，葱、姜、香菜叶各适量。

调料

鸡精、料酒、豆豉酱、老抽、白糖各适量。

做法

❶黄鱼处理干净；葱部分打结塞进鱼肚；葱、姜、蒜分别洗净，葱切花，姜、蒜切末；豆豉酱剁碎。

❷油锅烧热，下入黄鱼，用中火煸至黄鱼两面金黄，盛出，备用。

❸锅留底油，入葱花、姜末、蒜末煸出香味，入豆豉酱煸出红油，调入白糖、鸡精、料酒、老抽，加水烧沸，加入煎好的黄鱼，大火烧开，改中火，加盖煮20分钟，待汤汁快收干时撒上香菜叶即成。

## 冬瓜虾干汤

材料

虾干250克，冬瓜150克，油菜、葱、姜各适量。

调料

料酒、香油、盐各适量，鸡精少许。

做法

❶冬瓜洗净，去皮、瓤，切块，入沸水中略焯烫后捞出；虾干洗净；油菜择洗净；葱、姜分别洗净切末，备用。

❷油锅烧热后，炒香葱末、姜末，再加入料酒和适量清水，然后放入冬瓜块和虾干，大火煮沸后转小火，加入油菜续煮约10分钟，再加盐、鸡精调味，继续煮约9分钟，最后淋香油即可。

## 文蛤粥

材料

文蛤120克，大米100克，白萝卜80克，胡萝卜50克，葱末、姜末各适量。

调料

盐、香油各适量。

做法

❶文蛤泡水吐沙，洗净，放入沸水中煮至开口，捞出；大米淘洗干净，入清水中浸泡1小时；胡萝卜、白萝卜分别去皮，洗净，切丁。

❷锅置火上，放入适量清水及大米，大火煮沸后，放入白萝卜丁、胡萝卜丁煮开，再转用小火熬煮成粥。

❸加入姜末，再次煮沸后，加入煮过的文蛤，然后用盐和香油调味，最后撒入葱末即可。

## 鸭舌萝卜汤

材料

鸭舌200克，白萝卜100克，姜、葱、香菜叶各适量。

调料

料酒、盐各适量。

做法

❶白萝卜去皮，洗净，切块；姜去皮，切片；葱洗净，切段，备用。

❷锅中加水，入鸭舌以及姜片、葱段，烹入料酒，调至大火烧沸。

❸然后倒入白萝卜块，再次烧开，然后转成小火煮30分钟，最后调入适量盐即成。

美食有话说 鸭舌含有丰富的蛋白质，而且易于消化，具有增强体力和强身健体的作用。而且鸭舌中含有的磷脂类对人体的生长发育有非常重要的作用，可以健脑益智。

贴心提示

## “臀位宝宝”需怎么应对

孕8月时，准妈妈如果去医院体检，医生可能会告知：胎宝宝是臀位。这种情况可能是准妈妈始料未及的。调皮的胎宝宝明明就快要出世了，却不配合，还把小屁股朝外坐得稳稳的。这时候，准妈妈可千万不要着急，应先了解一下“臀位宝宝”的基本情况，再做出有效的应对。

### “臀位宝宝”一般没那么可怕

在不同的怀孕月份，胎宝宝胎位不正的情况有着不同的发生率。即使孕中期胎宝宝被发现为胎位不正，大多也会在足月时转变成为正常的胎位。

另外，在孕30周前，由于胎宝宝相对来说还比较小，而且母体内羊水较多，胎宝宝有活动的余地，会自行纠正胎位，在孕30周后大多能自然转为“头位”。所以，如果准妈妈在孕7月前被发现胎位不正，只要加强观察即可。若在孕30～34周时，胎宝宝还是胎位不正，那么就需要矫正了，调查发现，由于某些因素影响，有3%～4%的胎宝宝不会转向变成头朝下。

### 准妈妈怎么应对宝宝“臀位”

从孕8月起，准妈妈要坚持做几周的“跪爬”动作，每天做1～2次，这样做可以利用重力帮助宝宝“翻个筋斗”，转成头朝下的姿势。另外，做这些动作时，准妈妈要确保周围有人看护，以便觉得身体不适时，能有人帮助自己站起来。

◎平躺后，用枕头支起臀部，抬起骨盆，比头高出20～30厘米。保持这个姿势5～15分钟。

◎双膝跪地，双臂着地，撑在身体前方，使臀部翘起来。保持这个姿势5～15分钟。

最后，要提醒准妈妈的是，胎宝宝保持臀位姿势并不表示一定要剖宫产，医生会权衡剖宫产和自然分娩的风险，然后根据准妈妈的情况给予最好的分娩建议。

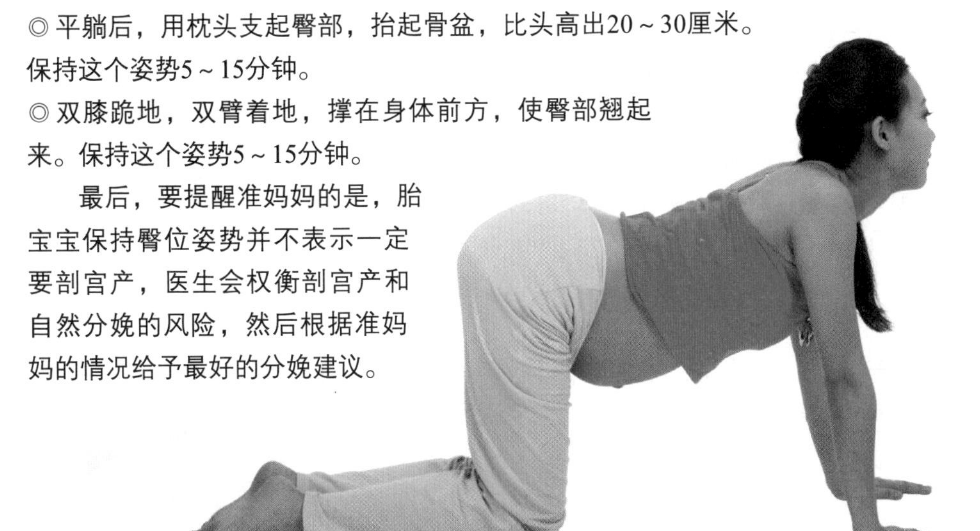

# 迎接宝宝出生的购物清单

## 吃

◎ **奶瓶**：2个240毫升的大奶瓶，2个150毫升的小奶瓶。

◎ **奶嘴**：可准备4～5个，要有大有小，方便根据奶瓶的大小来选择。

◎ **奶瓶刷子**：准备1个即可，用来清洗奶瓶。

◎ **奶瓶消毒锅**：1个，要求为大号。也可用消毒碗柜代替。

◎ **不锈钢锅**：1个，小号，给宝宝煮东西吃。

◎ **奶瓶保温袋**：1个，外出时用于保温。

◎ **暖奶器**：1个，双桶。

◎ **奶粉**：纯人工喂养的话1个月大约需要4罐奶粉，每罐1000克；如果决定用母乳喂养，可以准备一瓶400克装的，在乳汁不够时添加。

## 穿

◎ **衣服**：3套，和尚袍或套头衫都行，长袖，以宽松为宜。

◎ **连衣裤**：3条，前面开口，一直开到腿部。

◎ **袜子和毛线袜**：4双，夏天最好选用吸汗的棉线制品，冬天最好用保暖的毛线制品。

◎ **包巾**：2条，以纯棉质地为佳，

◎ **围兜**：2条，避免宝宝口水或奶流到衣服上，也可以用小毛巾代替。

◎ **帽子**：2顶，最好选用棉、麻质地，且不带绳子。

◎ **尿布**：20～40条，可自制，旧床单、纱布皆可，市场也有裁剪好的尿布出售。宝宝满月后可以开始用一次性尿布。

## 洗

◎ **洗澡盆**：1个，材料最好是塑料或树脂等安全无毒者。

◎ **毛巾**：大毛巾（浴巾）2条，用来洗澡后包裹宝宝，或当被子使用；小毛巾（70×35厘米）4~5条，用来洗澡时擦拭身体；方巾（20×15厘米），用来擦嘴。

◎ **脱脂棉球**：2包，宝宝洗脸用。

◎ **洗澡带**：1条，使用天然海绵也可以。

◎ **水温计**：1支。

◎ **润肤露**：1瓶，选择性质温和的婴儿配方产品。

◎ **爽身粉**：1盒。

## 睡

◎ **婴儿床**：1张，最好带有围栏和蚊帐。围栏可以保护婴儿安全，防止其跌伤；而蚊帐则可屏蔽一些蚊虫，防止细菌感染。

◎ **小被子**：2条。

◎ **垫被（褥子）**：2条，夏天也可以用毛毯代替。

## 用

◎ **体温计**：1支，用于测量宝宝体温。

◎ **花露水、绿药膏**：蚊虫叮咬后使用。

◎ **音乐铃**：颜色鲜艳、声音活泼，有助于宝宝视觉和听觉的发育，对宝宝活动颈部也有好处。

◎ **床头吊饰**：如气球、铃铛、风铃等，“有声有色”，但气球不要挂得太低，以免被宝宝抓破后吓到他自己。

◎ **布娃娃**：以经摔、耐脏为佳。

◎ **婴儿车**：1辆，以平躺式为佳，最好附有安全带、安全锁。

# 孕9月

32~36周

## 准妈妈进入难熬的待产期

从本月开始，将进入怀孕过程中最烦恼的阶段。在这一时期，准妈妈会越来越疲劳，精神也越来越紧张。

继续长大的子宫不仅使你的身体变得更加沉重，而且会使你感到气喘，心跳加快，食欲开始减退，尿频也更明显了，脚和小腿上甚至开始出现静脉曲张，有时一不留意还会扭伤腰。

面对种种的不适，准妈妈可以多想想将要出生的宝宝，为了他，一切痛苦都是值得的。作为一个女人可以是柔弱的，但是作为一个母亲就一定是坚强的。

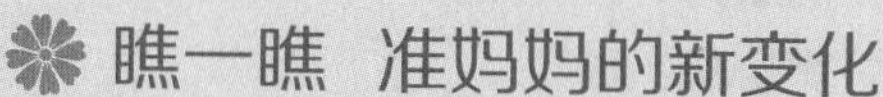

### 瞧一瞧 准妈妈的新变化

子宫底高度已升到心口窝，各种脏器受到挤压；心脏不能自由活动，心跳变得激烈；胃消化液的分泌减少，食欲减退或感觉胃胀。

增大的子宫压在膀胱上，阴道分泌物增多，尿频更明显了，甚至会出现尿失禁。而且，脚和小腿上出现了静脉曲张或静脉瘤。

腹部还在向前挺进，使你的行动更为笨拙。还有的准妈妈可能会发生早产，故此时准妈妈应为随时分娩和住院做好准备。

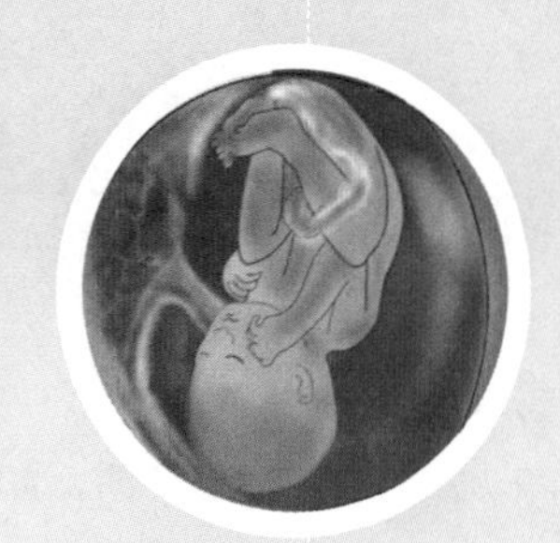

## 看一看 胎宝宝的可爱样

基本情况：第9个月末（孕36周），身长约45厘米，体重约2500克。

变漂亮了：皮下脂肪沉积，身体各部分比较丰满，看起来全身圆滚滚的，很可爱。脸、胸、腹、手、足的胎毛逐渐消退。皮肤呈粉红色，面部皱纹消失。柔软的指（趾）甲已达到手指及脚趾的顶端。

能适应宫外生活：此时的胎宝宝发育虽然尚未完全成熟，但由于机体内脏的功能已趋于完善，可以适应子宫外的生活条件了。出生后能够啼哭和吸吮，能够较好地生活。

## 补一补 宝宝妈妈都健康

孕9月时，准妈妈的胃部会感觉舒服一些，食量有所增加，但仍进食不多，所以不能充分吸收营养。这时可以适当加餐，每天5~6餐，注意营养均衡，并保证营养的质量。

本月仍需保证各类营养素的供给，如保证优质蛋白质的供给、适度摄入碳水化合物、避免食用热量较高的食物等。同时，应继续控制盐的摄取量，以减轻水肿；还可以吃一些淡水鱼，有促进乳汁分泌的作用，可以为胎宝宝准备好营养充足的初乳。准妈妈还要多吃动物肝脏、绿叶蔬菜等含铁丰富的食物。

本月，准妈妈除应保持良好的饮食习惯外，还应特别注意饮食卫生，以避免饮食不洁造成的胃肠道感染，给分娩带来不利的影响。

## 宜少食多餐

孕晚期，如果准妈妈营养摄入方式不合理或者摄入过多，就容易使胎宝宝长得太大，分娩时易造成难产。因而，准妈妈的饮食要以量少、丰富、多样为主，要合理安排这一时期的饮食。

准妈妈应采取少食多餐的进餐方式，适当控制进食的量，特别是高热量、高脂肪食物。特别需要指出的是，脂肪性食物里含胆固醇较高，如果在血液里沉积，会使血液的黏稠度升高，再加上妊娠期的血量增多，还可能会引发妊娠高血压综合征，所以准妈妈一定要注意。

另外，孕晚期准妈妈应避免吃体积大、容易导致腹胀的食物，如土豆、甘薯等，宜选择体积小、营养价值高的食物，如动物性食物，以减轻胃部的胀满感。

## 宜吃能稳定情绪的食物

情绪在孕期内一直是影响母婴健康的重要因素。进入孕9月之后，即将迎来熟悉而又陌生的小宝宝，准妈妈心里自然百感交集。既有即将与宝宝见面的惊喜期待，也会夹杂着对分娩的恐惧不安。因此，越到关键时刻，准妈妈越要保持镇定。

饮食上，准妈妈可多摄取有助于稳定情绪、放松神经的食物，如深海鱼、富含B族维生素的食物、富含镁或钾元素的食物。

◎深海鱼。深海鱼中含有一种脂肪酸，与抗抑郁药物的作用类似，可舒缓紧张情绪，明显改善焦虑、沮丧、失眠等症，如鲑鱼等。但某些深海鱼中重金属含量高，准妈妈不可过量食用。

◎富含B族维生素的食物。B族维生素可维护神经系统健康，减轻情绪波动。鸡蛋、牛奶、芝麻、南瓜子、谷类等都富含B族维生素。

◎富含镁、钾元素的食物。镁具有放松神经的作用，而钾具有调节血压、稳定情绪的作用。富含镁的食物有豌豆、赤小豆、菠菜、空心菜等；富含钾的食物有香蕉、西红柿、酪梨、瘦肉及坚果类。尤其是香蕉，更被心理学家们看作是“快乐的水果”。

## 根据季节调整饮食

中医历来讲究养生要根据四时更替，合理安排饮食和生活，准妈妈当然更不例外。

### 春季

**【饮食原则】**多吃甜，少吃酸。

**【饮食建议】**在中医学说中，春天是阳气生发的季节，这时宜食辛甘发散类食物，不宜食酸味食物。因为甘入脾，甜食可以补脾，所以准妈妈在春季可以多吃大枣、山药等补脾食物，以补充气血、缓解肌肉的紧张。同时，因为酸入肝，可收敛，不利于阳气生发、肝气疏泄，会影响脾胃运化，所以春季要少吃酸味食物。同时，准妈妈还要注意饮食均衡，多吃低脂肪、高蛋白、高维生素、高矿物质的食物以及新鲜蔬菜，少吃些酸辣、油炸、烤、煎类食物。

### 夏季

**【饮食原则】**多吃苦，也吃酸。

**【饮食建议】**夏季气候炎热，易出汗，耗气伤阴，所以准妈妈要适当吃些苦味食物，能清泄暑热、除燥祛湿，从而健脾，增进食欲。此外，准妈妈还可以吃些酸味食物，如柠檬、草莓等，能止泻祛湿，预防因流汗过多而耗气伤阴，又能生津解渴、健胃消食。

### 秋季

**【饮食原则】**多吃酸，少吃辛。

**【饮食建议】**入秋后气候干燥，准妈妈的饮食应注重润肺，适合平补。酸味食物可以收敛补肺，所以准妈妈可以适当多吃些酸味的蔬菜和水果；辛味食物发散泻肺，所以准妈妈要尽可能少食辣椒、咖喱等辛味食物。同时，准妈妈还应该多喝水和汤，多吃富含维生素的食物，以缓解秋燥，补益身体。

### 冬季

**【饮食原则】**多热食，补阳气。

**【饮食建议】**冬季来临以后，人体阴寒偏盛，阳气偏虚，脾胃运化功能相

对较弱，所以准妈妈在此时要多注意养阳气，宜食用羊肉等滋阴潜阳、热量较高的食物；多食新鲜的蔬菜和水果等富含维生素的食物；多食苦味食物，以补肾养心。但准妈妈不宜食用生冷、黏硬的食物，以防伤害脾胃的阳气。

## 宜多吃含锌食物

分娩是一项重体力活，期间，产妇的身体、精神都经历着巨大的能量消耗。其实，如果准妈妈分娩前的饮食安排得当，就能增加产力，促进顺利分娩。尤其是在日常饮食中补锌，更能减少自然分娩的痛苦。

国外有研究表明，产妇自然分娩时能否顺利快速，与其在孕晚期时的饮食关系重大，营养是否均衡，特别是锌含量是否充足，可以影响到分娩的进程是否顺利。

这是因为，在自然分娩的过程中，产妇由于子宫阵阵收缩，会有腹痛感而且相当剧烈，由此带来肉体上的痛苦和精神上的紧张。而产妇分娩时主要靠子宫肌有关酶的活性，促进子宫收缩使胎宝宝顺利娩出。如果产妇体内缺锌，子宫收缩乏力，就会造成娩出胎宝宝乏力，有时甚至需要借助产钳等助产术。如果是严重收缩乏力，还需剖宫产。此外，子宫肌肉收缩力弱，还有导致产后出血过多及并发其他妇科疾病的可能，影响产妇健康。因此，准妈妈体内不可缺锌，否则就会增加分娩的痛苦。

但是，在正常情况下，准妈妈对锌的需要量比一般人多，因为准妈妈除自身需要外，还得供给发育中的胎宝宝，所以准妈妈要多进食一些含锌丰富的食物。

常见的富含锌的食物有猪肝、猪腰、瘦肉等肉类食物；鱼、紫菜、牡蛎、蛤蜊等水产品；黄豆、绿豆、蚕豆等豆类食物；花生、核桃、栗子等坚果类。其中，牡蛎的含锌量最高，居诸品之冠，堪称锌元素宝库。

## ⊗忌营养过剩

一般认为，如果宝宝出生时达到或超过4千克，就被称为巨大儿。巨大儿会造成准妈妈难产及增加产后出血的发生率，新生宝宝也容易发生低血糖、红细胞增多症等并发症；随着生长发育，还容易发胖；成人后，患糖尿病、高血压、高脂血症等疾病的概率也会增加。

巨大儿的发生既与遗传因素有一定的联系，也与孕期营养过剩有关。很多人都认为，准妈妈就应该大吃特吃，以满足自身及胎宝宝的营养需求，这种观念是不对的。

实际上，在孕期，准妈妈所需要的热量只比正常人增加了20%左右，真正需要补充的是大量的微量元素。由此可见，准妈妈在孕期的热量摄取一定要有一个合理的度，高质量的饮食不代表高热量饮食。所以，准妈妈应注意控制孕期对于各种营养素的摄取量，避免营养过剩，并保持营养的均衡，避免生出巨大儿。

尤其是身体过胖的准妈妈，更应该合理安排日常饮食，因为这类准妈妈更容易孕育出巨大儿。这类准妈妈应适当补充营养，减少高热量、高脂肪、高糖分食品的摄入，同时还应适度参加各种运动，不要整天坐着或躺着，以保持自身体重和胎宝宝体重在合理的范围内匀速增长。

当然，孕晚期时，胎宝宝正处于皮下脂肪积贮、骨骼发育、体重增加的重要时期，所以准妈妈应该增加大量的营养，以满足胎宝宝的发育需要，除了摄取适当的碳水化合物、蛋白质类食物外，还可适当增加脂肪性食物的摄入。但准妈妈还是要注意控制热量的摄取量。

## ⊗忌完全限制盐和水分的摄入

虽然孕晚期准妈妈的水肿日益严重，但也不要限制水分的摄入量，因为母体和胎宝宝都需要大量的水分。相反，摄入的水分越多，反而越能帮助准妈妈排出体内的水分。

另外，少食盐可以帮助准妈妈减轻水肿症状，但是准妈妈也不宜忌盐。因为准妈妈体内新陈代谢比较旺盛，特别是肾脏的过滤功能和排泄功能比较强，钠的流失也随之增多，所以易导致准妈妈食欲不振、倦怠乏力等低钠的症状，严重时会影响胎宝宝发育。为了保证准妈妈对钠的需要量，就不能严格控制盐的摄入量。

## 准妈妈一日食谱推荐

**早餐**
馒头、牛奶、水煮鸡蛋

**午餐**
米饭、红烧鸭块、炒花生米、海带肉丝汤

**晚餐**
米饭、肉末烧茄子、素炒冬瓜、荠菜豆腐汤

**加餐**
饼干、面包

**加餐**
苹果、鲜榨果汁

## 孕9月营养素需求

|  |  |
| --- | --- |
| 碳水化合物 | 每日宜摄取400克碳水化合物。 |
| 蛋白质 | 每日需摄入75～100克。 |
| 脂肪 | 每日宜摄取60克左右。 |
| 水 | 以每日6～8杯水为宜。 |
| 矿物质 | 注意加强对铁和钙的摄取，饮食中要减少盐的摄入。 |
| 维生素 | 需补充维生素$B_1$、维生素A、维生素C、维生素D等。 |

# 孕9月宜忌食物清单

孕9月，胎宝宝的大脑已经发育成熟，感情更加丰富，可以做出各种表情，这个阶段保证基本的营养就可以了。

除以上提到的宜忌食材外，准妈妈宜吃的食材还有：蛤蜊、绿豆、鲫鱼、猪肝、猪腰、鸡肉、豆腐、赤小豆、瓜子、芝麻等；准妈妈忌吃的食材还有：火腿肠、披萨、腐乳、甜点等。

## 黄金牡蛎

材料

牡蛎300克，鸡蛋2个，香菜2棵。

调料

地瓜粉3大匙，酱油、白糖、玉米粉各2大匙，水淀粉适量。

做法

❶牡蛎加盐抓洗，用清水冲净，捞出，沥干水分；香菜洗净，切段，备用。

❷所有调料混合搅匀，搅成糊状。

❸煎锅烧热，入牡蛎，煎至牡蛎快熟时，入步骤②的淀粉糊，再倒入鸡蛋液，煎至鸡蛋液两面熟透，盛出，装盘。

❹将香菜段撒在牡蛎煎蛋上即成。

## 姜汁柠檬炒牡蛎

材料

牡蛎6个，葱花适量，姜末适量。

调料

柠檬汁1大匙，盐适量。

做法

❶将牡蛎放入盐水中吐尽泥沙，打开，取出牡蛎肉，洗净，备用。

❷平底锅中倒入适量油烧热，放入葱花、姜末，小火炒香。

❸放入牡蛎肉，烹入柠檬汁、盐炒熟，盛出装盘即可。

## 栗子煲白菜

材料

白菜500克，栗子300克，绿色蔬菜适量。

调料

高汤、淀粉、盐、鸡精、料酒、醋各适量。

做法

❶用剪刀将栗子剪开，再将栗子、水放到同一个锅中煮15分钟，栗子煮熟，剥壳，取仁；白菜洗净，切条。

❷油锅烧热，入白菜条，绿色蔬菜翻炒均匀，入清水煮3分钟，捞起食材，控干水分，备用。

❸锅中放入高汤、盐、鸡精、醋，入少量水，放刚才炒过的白菜，用水淀粉勾芡，煮沸就起锅装盘。

❹用同样的汤汁煮一下栗子，煮沸后就可装到白菜上了。

## 鸡肝菌汤煲

材料

干口蘑6朵，鸡肝5个，油菜、枸杞子、葱段、姜片各适量。

调料

高汤1000毫升，熟猪油、料酒、香油、盐、鸡精各适量。

做法

❶所有材料清洗干净；鸡肝切块。

❷鸡肝块入沸水中汆烫后捞出，洗净，备用。

❸锅中倒入高汤，在放入盐、鸡精、熟猪油、料酒、姜片、葱段、干口蘑，大火煮沸后转小火煮45分钟，煮至材料熟烂，然后放入油菜、枸杞子，最后滴入香油即可。

## 牛肉土豆汤

材料

牛腩200克，土豆、西红柿各1个，菠菜、黄豆各50克。

调料

盐适量。

做法

❶牛腩洗净，切块；土豆洗净，去皮，切块；西红柿洗净，切片；菠菜择洗净；黄豆洗净，入清水中浸泡至发，备用。

❷油锅烧热，炒香牛腩块，接着放入适量清水，煮沸后加土豆块、黄豆，大火煮3分钟后转小火煮20分钟，然后放入菠菜、西红柿片，再次煮沸后加盐，煮至入味即可。

## 鲜蔬肉汤

材料

鲜香菇、白菜各150克，猪肉100克，葱、姜各适量。

调料

盐适量。

做法

❶香菇去蒂洗净，切丝；白菜梗洗净，切丝；白菜叶洗净撕片；猪肉洗净，切丝；葱洗净切段；姜洗净切丝，备用。

❷油锅烧热，放入葱段、姜丝、香菇丝、白菜片，煸炒3分钟，倒入适量清水煮5分钟，然后放入猪肉丝，搅拌均匀，煮至变白后放入白菜叶片，最后加盐煮至材料熟透即可。

贴心提示

## 如何预防羊水栓塞

羊水栓塞是一种在分娩过程中因为羊水进入母体血液循环而引起的肺栓塞、休克等症状的总称，羊水栓塞的发病率低，但病死率高，所以准妈妈必须及早防范。

### 羊水栓塞的临床表现

羊水栓塞一般起病较急，多发生在分娩过程中，也有少数情况发生于羊膜腔穿刺术中。典型羊水栓塞一般有三个阶段，分别为心肺功能衰竭和休克、出血以及急性肾功能衰竭。这三个阶段有时并不全部出现。不典型羊水栓塞病情发展缓慢，症状隐匿，可仅出现大量阴道流血和休克症状，也可同时合并无血凝块和酱油色血尿等症状。

### 羊水栓塞的诱因

◎ 宫缩过强。子宫收缩过强时，羊膜腔压力会随之增高，若羊膜腔压显著高于静脉压，羊水就有可能被挤入已破损的小静脉内而引起羊水栓塞。如果不当使用宫缩剂也可能导致过强宫缩，增加发生羊水栓塞的概率。
◎ 准妈妈年龄过大。高龄准妈妈是发生羊水栓塞的高危人群。发生羊水栓塞的主要原因往往是综合性的，可能有胎位异常、胎膜早破、胎盘早剥和宫缩乏力时使用宫缩剂过量等。所以，高龄准妈妈分娩时要严密观察，尽早发现异常情况，一旦出现异常现象要果断采取措施终止妊娠，这样可大大减少羊水栓塞的发生概率。
◎ 过期妊娠、巨大儿、死胎。出现过期妊娠、巨大儿及死胎时容易难产、滞产，进而使得产程延长，胎宝宝宫内窘迫概率增加，死胎可使得胎膜强度较弱而渗透性增加。

### 预防羊水栓塞的方法

◎ 定期做产前检查。
◎ 准妈妈及其家属应学习和掌握一些必要的急救知识，时刻观察准妈妈是否有发生胸闷、烦燥、寒战等不舒服的感受，在准妈妈发生产科急重症时积极应对，为医生的抢救赢取时间。

# 提前了解住院情况很重要

未雨绸缪，才能避免阵前慌乱。因此，在接下来的最后一个月的时间里，准爸爸需要和准妈妈一起提前详细了解住院的一些情况，做到心中有数，这样才能避免分娩时的慌乱。首先要确定分娩的医院。最好选择一家准爸爸和准妈妈都比较熟悉的，一旦选择好就确定下来，不要在临产前又突然变换医院，以免由于自己对环境不熟悉而引发一系列的变故。因此最好还是选择自己一直做产检的医院。

确定好医院之后，详细了解从家里到医院的时间、交通情况，保证全天都可以迅速快捷地到达医院。提前了解住院的所有流程，包括挂号、就诊、入院需要办理的所有手续、需要的住院押金数额以及病房的布置、床位的价格等，所有一切都要做到心中有数。虽然有些医院会给准妈妈准备一些住院用品，但是最好还要提前打听清楚需要自己准备哪些用品，一般产检医生都会给出实用的建议。如果准妈妈有一些自己习惯的生活用品，最好提前准备妥当，以免突然分娩时手忙脚乱。准爸爸最好和准妈妈一起学习分娩前的知识，在分娩的最后几天最好陪伴着准妈妈，出现分娩征兆的时候，及时安慰准妈妈，以免其惊慌失措。如果出现的是阵痛，一般不需要急忙赶去医院，尽可能劝慰准妈妈多吃一些食物，洗个热水澡，为分娩做好体力上的准备。但是已经出现破水情况，就需要立即送准妈妈去医院了，如果不在准妈妈身边，准爸爸也要把这些需要弄清楚的注意事项以及准备工作事先给准妈妈详细交代清楚，让准妈妈感觉到家人的关怀。

●孕晚期时，要着手准备好准妈妈与胎宝宝的住院所需品。

# 住院分娩时准妈妈的待产包

## 吃

◎巧克力、牛肉干等补充能量的小零食。

◎鲜榨果汁、蜂蜜水等口感清润的饮品，蜂蜜还可以帮助准妈妈明显地缩短产程、减少疼痛。

◎面包、饼干等干粮。

◎红糖1包。

## 穿

◎内衣2套、内裤多条、袜子多双、拖鞋1双（冬天最好是棉拖鞋）。

◎打算用母乳喂养的准妈妈还要准备2件开胸上衣，方便产后喂奶。

◎出院衣服1套。

## 用

◎卫生巾（夜用4包，日用2包）。

◎梳子、镜子、护肤霜等。

◎牙刷、牙膏、水杯。

◎洗脸盆、洗脚盆、洗下身盆各1个。

◎大毛巾1条，最好是棉质的，用来擦拭分娩过程中的汗水；小毛巾4～5条，用来洗漱以及擦拭哺乳时溢出的乳汁。

◎卫生纸2卷。

◎消毒香皂或洗手液。

◎一次性勺子、纸杯、吸管（可弯）以及塑料袋。

◎晾衣架，主要用于挂毛巾。

◎防溢乳垫（一次性）1盒。

◎婴儿湿巾1包。

## 娱乐休闲

◎平时感兴趣的书籍。

◎有播放音乐功能的电子产品。

◎手机。

## 其他

◎办理入院手续时需要准备的相关证件，比如夫妻双方的身份证、户口本、社保卡、医院的诊疗卡、献血证等。

◎用于办理住院押金事宜的借记卡。

◎孕妇保健手册。

◎此外，有些医院不负责提供一些婴儿用品，如婴儿衣物、小被子、包被、毛巾、尿片等，准妈妈在入院前要向医生或护士打听清楚。如果医院不能提供，则需要自己提前准备。

# 孕10月 37~40周

## 迎接小天使的降临

眼看就要到达终点了，你的内心可能既兴奋又不安，甚至还会出现失眠。妊娠晚期要注意观察胎动，每天将早、中、晚各数1个小时的胎动次数相加再乘以4，则得到胎宝宝一天中12小时的胎动次数，这个数如果在30次以上就是正常；如果小于20，就应该找医生检查。你一定要保持规律的生活，坚持去做产前检查，并在家里做好一切准备，以倒计时的心情安心等待着宝贝的出生。

在这个月中，要避免性生活，因为性生活可能会造成胎膜早破和感染。由于不知道什么时候开始宫缩，因此要避免一个人离家太远。

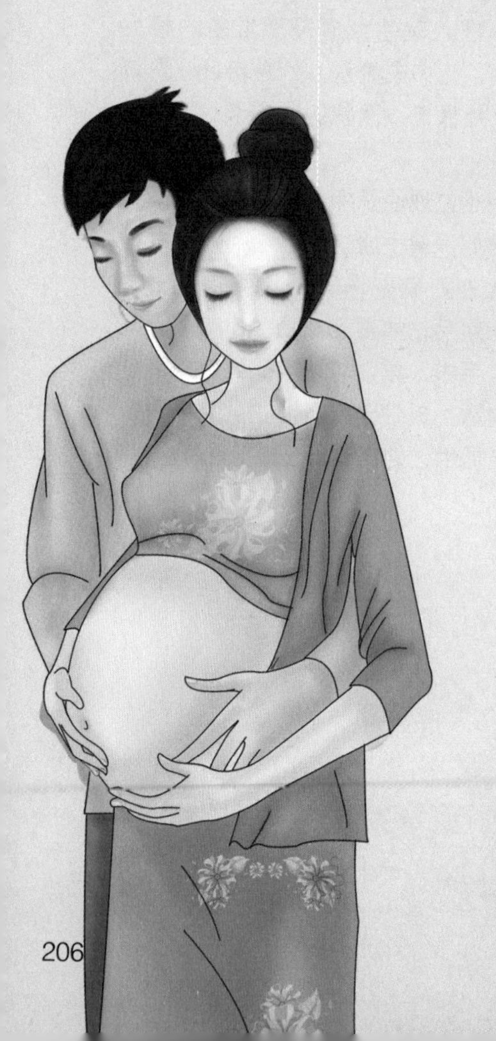

### 瞧一瞧 准妈妈的新变化

沉重的身体：妊娠期的最后1个月，准妈妈会感觉到身体更加沉重，动作也越发地笨拙费力了。子宫底的高度可达30～35厘米。

上腹部开始轻松：由于胎宝宝的先露部开始下降至准妈妈的骨盆入口处，准妈妈对胎宝宝活动的次数及强度感觉不如以前明显了。准妈妈的胸部下方和上腹部也变得轻松起来。

身体准备分娩：阴道黏膜肥厚、充血，阴道壁高度变软，伸展性增强，分泌物增加。

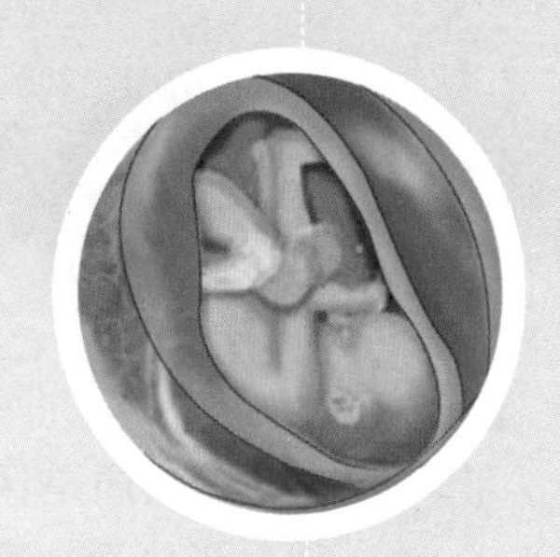

## 看一看 胎宝宝的可爱样

成熟的胎宝宝：此时的胎宝宝已经发育成熟，出生后能很好地存活。男宝宝睾丸已降至阴囊内，女宝宝大小阴唇发育良好。身长约50厘米，顶臀长高36厘米，体重约为3400克。

外表形态：皮肤红润，皮下脂肪发育良好，体形外观丰满。肩部及上背部仍残留部分毳毛，指（趾）甲已超过指（趾）端，足底皮肤纹理较多。头颅骨质硬，耳郭软骨发育完善、坚硬、富有弹性，保持直立状态。头发粗直光亮，发长2～4厘米，额部的发际线极为清晰。

## 补一补 宝宝妈妈都健康

第10个月，准妈妈进入了一个收获的“季节”，要想“果实饱满”，就要保证足够的营养，满足胎宝宝生长发育的需要，以及满足自身子宫和乳房的增大、血容量增多等的“额外”需求。保证足够的营养：如果营养严重不足，不仅所生的宝宝比较小，而且准妈妈也容易发生贫血、骨质软化等营养不良症，这些病症会直接影响临产时正常的子宫收缩，容易发生难产。准妈妈还应继续坚持这样的饮食原则：少食多餐。越是临产，就越是应多吃一些含铁的食物，如紫菜、芹菜、海带、黑木耳等。此时准妈妈肠胃受到压迫，可能会便秘或腹泻，因此一定要增加进餐的次数，每次少吃一些容易消化的食物。

为住院准备一些食物：随着分娩日期的临近，准妈妈要准备一些零食和饮料，以便入院时带在身边。住院前吃一些容易消化的食物，可以避免在分娩初期感到饥饿。饼干、葡萄干等都是理想的零食。

## 宜适当摄入些高蛋白

蛋白质是保证人体正常生命活动的最基本的成分。到了孕晚期，准妈妈对蛋白质的需求量增加。特别是最后10周，由于胎宝宝需要更多的蛋白质以保证细胞快速生长以及准妈妈在分娩过程中身体的亏损及产后流血等，均需要补充蛋白质。所以，准妈妈应及时补充富含蛋白质的食物。

此时，胎宝宝需要更多的蛋白质以满足组织形成和快速生长的需要。因此，我国营养学会建议，孕晚期每日蛋白质摄入量应增加20克。

另外，研究表明，如果准妈妈在孕期的膳食中摄取了丰富的蛋白质，还有利于产后乳汁的分泌，可以使产后乳汁的分泌量增多，乳汁的质量也更高。哺乳的新妈妈每日泌乳时，需要消耗蛋白质的量很大，可以达到成人的8～12倍。

所以，建议准妈妈在孕晚期每日增加蛋白质的摄入量，尤其是在分娩前，更应注意补充足量的蛋白质。

下面具体介绍几种蛋白质含量丰富的食物，准妈妈可以适量食用。

### 花生

花生所含的蛋白质、钙、铁等营养素对准妈妈非常有益，花生衣还具有抗纤维蛋白溶解、增加血小板含量并改善其功能、改善凝血因子缺陷等作用，并含少量膳食纤维，具有良好的止血作用。

### 黄花菜

黄花菜营养十分丰富，据测定，每100克干品中含蛋白质14.1克，几乎与动物肉相近。中医认为，用黄花菜炖猪瘦肉食用，能治产后乳汁不下，效果良好，准妈妈可以适量食用。

### 茭白

茭白含有碳水化合物、蛋白质、维生素$B_1$、维生素$B_2$、维生素C等多种营养成分。中医认为，茭白有催乳作用，将茭白、猪蹄、通草（或山海螺）同煮食用，有较好的催乳作用，但脾胃虚寒、大便不实者不宜多食。

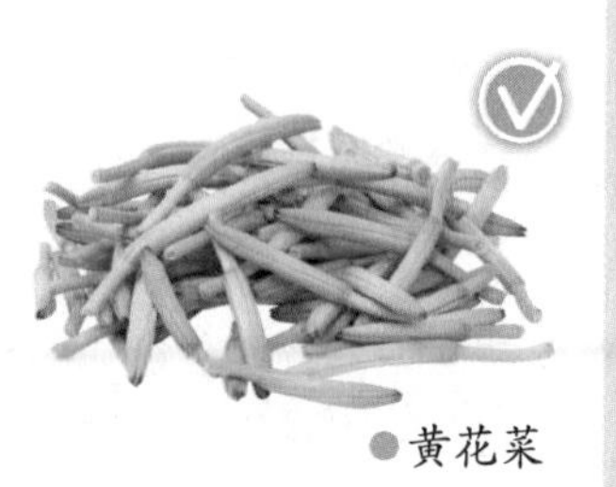
●黄花菜

### 宜吃些香蕉随时补充能量

香蕉可以为准妈妈快速提供能量，帮准妈妈击退随时可能出现的疲劳。而且准妈妈时常被便秘困扰，香蕉则具有促进排便、缓解便秘的作用。建议准妈妈将香蕉切成片放入麦片粥里，也可以和牛奶、全麦面包一起做早餐。

### 忌维生素$B_1$摄入不足

孕晚期需要充足的水溶性维生素，尤其是维生素$B_1$，孕晚期如果维生素$B_1$摄入不足，容易引起便秘、呕吐、气喘和多发性神经炎，还会使肌肉衰弱无力，以致分娩时子宫收缩缓慢，增加分娩的难度。

### 剖宫产前不宜吃鱼及各种滋补品

剖宫产相较于顺产来说，会使准妈妈出血较多。鱼类食品中含有大量的有机酸物质，会抑制血小板的凝集，不利于术后止血与创口愈合。而人参等滋补品产前最好也不要食用。人参，是补气中的上品，能补元气、益虚损，但人参中含有一种叫做人参甙的物质，有强心、兴奋作用，准妈妈食用后，不仅会造成大脑兴奋，从而影响手术的正常进行，还会因体内气血循环过于旺盛而造成产后大量出血，因此不宜服用。

### 忌食黄芪炖母鸡

黄芪补气健脾，与母鸡炖熟后食用，有滋补益气的作用，对气虚的人来说，是很好的补品。但是，黄芪炖母鸡对于准妈妈，尤其是临产的准妈妈，则不适宜，容易引起过期妊娠，使胎宝宝过大而造成难产，增加准妈妈的痛苦，有时还需用会阴侧切、产钳助产，甚至剖宫等手段来帮助分娩，这样做也有可能伤害胎宝宝。

## 准妈妈一日食谱推荐

### 早餐

纯鲜牛奶、小笼包、水煮鸡蛋、凉拌海带丝

### 午餐

米饭、冬笋肉片、清炒黄豆芽、紫菜虾米汤

### 晚餐

米饭、蘑菇炒蛋、炒蚕豆、白萝卜骨头汤

### 加餐

鲜榨黄瓜汁、牛肉干

### 加餐

黄鱼羹、木瓜沙拉

## 孕10月营养素需求

|  |  |
|---|---|
| 碳水化合物 | 每日宜摄取500克碳水化合物。 |
| 蛋白质 | 准妈妈每日需要摄入80~100克。 |
| 脂肪 | 每日宜摄取25克。 |
| 水 | 以每日饮用6~8杯水为宜，这些水中最多有2杯果汁。 |
| 维生素 | 宜每日摄入大量含有各种维生素的食物。 |
| 矿物质 | 宜每日摄入大量矿物质但不可过多食用盐。 |

# 孕10月宜忌食物清单

孕10月胎宝宝已经发育成熟，神经和感知系统十分敏感，已经做好了出生准备，这个时候的准妈妈要充分补充维生素$B_1$，可促进子宫收缩，保证分娩顺利。

除以上提到的宜忌食材外，准妈妈宜吃的食材还有：猪蹄、乌鸡、鲤鱼、豆类、大米、小米、鱼汤、鸡蛋羹等；准妈妈忌吃的食材还有：红花、苦瓜、油条、肥肉、黄芪、人参等。

## 乌鸡葱香粥

材料

糯米100克，乌鸡腿1只，葱丝适量。

调料

盐少许。

做法

❶糯米淘洗干净，入清水中浸泡1小时；乌鸡腿洗净，入沸水中汆烫，捞出，切块。

❷锅置火上，加入适量温水，然后放入乌鸡腿块，大火烧开后转小火，煮8分钟。

❸加入糯米大火同煮，再次煮沸后，开锅转小火，煮至糯米熟。

❹加入盐调味，最后放入葱丝焖煮片刻即可。

## 鸭血油菜汤

材料

油菜250克，鸭血50克，葱适量。

调料

香油、盐各适量。

做法

❶油菜择洗净，切段；鸭血洗净，切片；葱洗净切末，备用。

❷油锅烧热，炒香葱末，然后倒入适量清水，煮沸后放入鸭血片，再次煮沸后转小火煮12分钟，接着放入油菜段，调入盐，小火煮6分钟，最后淋入香油即可。

美食有话说 油菜含有大量胡萝卜素和维生素C，有助于增强机体免疫能力；而鸭血是最理想的补血佳品之一。两者搭配食用可以清热润肺，适合阴虚体质的准妈妈食用。

## 茭白炒金针菇

材料

茭白300克，金针菇150克，水发黑木耳50克，红辣椒适量，香菜叶少许，姜适量。

调料

盐、香油各适量，糖少许。

做法

❶ 茭白去壳洗净，切丝，焯烫，捞出沥干；红辣椒洗净，去籽切细丝；黑木耳和姜切成细丝。

❷ 金针菇洗净，放入沸水中氽烫，捞出沥干。

❸ 油锅烧热，爆香姜丝、红辣椒丝，再放入茭白丝、金针菇、黑木耳丝炒匀。

❹ 最后加盐、糖、香油调味，起锅装盘即可。

## 爽口黄花菜

材料

干黄花菜200克，黄瓜、胡萝卜各50克，蒜、姜丝各适量。

调料

香油、白醋、酱油、蚝油各适量。

做法

❶ 干黄花菜用温水泡约30分钟；黄瓜、胡萝卜分别洗净，切丝。

❷ 锅内加水煮沸，滴几滴油，将黄花菜入沸水中煮熟，捞出，入冷水中过凉，沥干备用。

❸ 再下入胡萝卜丝煮3分钟，捞出，置入备好的凉开水中。

❹ 油锅烧热，爆香姜丝、蒜，下入蚝油，改至小火入酱油，然后下入黄花菜，加入已经处理好的胡萝卜丝、黄瓜丝，迅速炒匀，最后加香油、白醋炒匀即成。

## 解腻黄花汤

材料

干黄花菜100克，白萝卜20克，香菜叶适量。

调料

浓汤宝1个。

做法

❶干黄花菜用温水泡约30分钟，清洗三次，挤干水分，备用。

❷白萝卜洗净后切滚刀块。

❸汤锅置火上，加入适量水煮沸，然后加入适量浓汤宝，略煮后加入处理好的黄花菜和白萝卜块，煮沸后改小火煮20分钟，放香菜叶点缀即可。

## 葱香捞拌蛋羹

材料

鸡蛋6个，油菜心150克，葱末、姜末各适量。

调料

鸡汤少许，盐、鸡精、酱油、香油各适量。

做法

❶将鸡蛋打成鸡蛋液，调入盐、葱末、姜末搅匀，放入蒸锅内蒸熟；油菜心洗净，汆烫后晾凉。

❷将鸡蛋羹用汤勺挖成大块，放入碗内，摆入油菜心。

❸将鸡汤、鸡精、酱油、香油调匀，淋在鸡蛋羹上即可。

贴心提示

## 选择适合你的分娩方式

准妈妈在分娩前面临着一个很关键的选择，就是选择何种分娩方式。这往往需要准妈妈根据自身情况具体选择。一般情况下都会使用自然分娩，但对于生产时风险很高的准妈妈或胎宝宝来说，一般就会选择其他方式，如对于胎位不正的准妈妈一般就会实施剖宫产。所以在生产前最好咨询并听取医生的建议，选择对自身及胎宝宝均有利的分娩方式。

## 自然分娩

### 自然分娩的优点

◎ 对准妈妈来说，自然分娩没有手术可能出现的并发症和创伤，分娩后活动自如，身体恢复快，子宫上不留瘢痕，再次分娩时比子宫上有瘢痕的新妈妈危险性小。

◎ 对胎宝宝来说，子宫有节律地收缩会使胎宝宝胸部受到相应的压缩和扩张，从而刺激胎宝宝肺泡表面活性物质加速产生，使胎宝宝出生后肺泡富有弹性，容易扩散。另外，在经过产道时，胎宝宝胸廓受压，娩出后胸腔突然扩大，产生负压，有利于气体吸入。而且，自然分娩不会出现手术器械损伤新生儿的情况。

### 关于自然分娩的误区

※误区1：自然分娩遭罪

准妈妈在分娩时，难免要消耗一定的体力。分娩时子宫收缩和胎宝宝压迫，使子宫壁受压，子宫肌缺血缺氧，由此会出现不同程度的产痛，新妈妈称之为“遭罪”。

其实，剖宫产由于麻醉药的止痛作用，产痛虽然有所减轻，但在某种程度上仍存在着一定的风险，如麻醉意外；若膀胱充盈或肠道充气，手术稍有不慎便易伤及膀胱或肠管；术中也可能伤及胎宝宝或术后牵拉致新宝宝骨折；少数病例还可发生羊水栓塞；术后新妈妈出血和产后感染率都较高；还会引起术后肠粘连等。

因此，准妈妈一定要考虑全面、权衡利弊，如果有条件自然分娩，最好不要选择剖宫产。

※误区2：不成功的话会“吃两遍苦”

有的准妈妈怕因自然分娩时一旦生产困难，还要再进行剖宫产，吃两遍苦。

其实，这大可不必忧虑。具体采取什么样的分娩方式，最好听从医生的安排，医生会根据产力（子宫收缩力）、产道（以骨盆为主）和胎宝宝（大小、胎位、是否畸形）三个条件为其决定适合的分娩方式。

※误区3：自然分娩出生的宝宝智商低

有的准妈妈出于母亲的天性，唯恐分娩时胎宝宝的头部受挤压而影响新生儿的智商。其实，这是毫无道理可言的。

一般来说，自然分娩不会对大脑造成影响，因为胎宝宝在经过产道时，颅骨会产生自然重叠以适应产道环境，防止脑组织受压；相反，剖宫产可能会使胎宝宝的大脑因为从宫腔直接取出受到气压骤变的影响而产生损伤。这样反而有可能影响新生儿的大脑发育，从而降低宝宝的智商。

※误区4：自然分娩后会影响以后的性生活

有些准妈妈担心阴道分娩时，胎宝宝娩出而导致阴道扩张，使其失去原有弹性，由此会使性敏感度降低而影响性生活。的确，一部分阴道分娩的准妈妈产后可能出现性能力低下，但这是由以下几个因素造成的：一是因为分娩后体内性激素水平骤降，从而唤不起性欲；二是因为分娩时阴道壁神经受压，性刺激敏感度降低；三是因为产后哺乳、护理新生儿导致精力不足。但是随着身体复原，性激素水平回升到原水平，性功能也会随之恢复。

※误区5：自然分娩会改变体形

很多准妈妈认为自然分娩会使骨盆结构发生改变，从而影响以前窈窕的身材和曼妙的体形。事实恰恰相反，经阴道分娩非但不会危及体形，而且还会增强形体美。女性体形美的标准之一在于有丰满的臀围，阴道分娩时由于骨盆韧带松弛，使盆围、臀围增宽，显得更加丰满。

## 剖宫产

### 剖宫产的优点

◎ 由于某种原因，绝对不可能从阴道分娩时，施行剖宫产可以挽救母婴的生命。

◎ 剖宫产的手术指征明确，麻醉和手术一般都很顺利。

◎ 如果施行选择性剖宫产，于宫缩尚未开始前就已施行手术，可以免去准妈妈遭受阵痛之苦。

◎ 腹腔内如有其他疾病时，也可一并处理，如合并卵巢肿瘤或浆膜下子宫肌瘤均可同时切除。

◎ 做结扎手术也很方便，对已有不宜保留子宫的情况，如严重感染、子宫不全破裂、多发性子宫肌瘤等亦可同时切除子宫。

由于近年剖宫产术安全性的提高，许多因妊娠并发症和妊娠合并症的人终止妊娠时，临床医生多选择剖宫产，明显减少了并发症和合并症对母婴的影响，这也是准妈妈们选择剖宫产的主要理由之一。

此外，高龄产妇及生育功能性缺陷者也宜选择剖宫产。

## 剖宫产的缺点

◎ 剖宫手术对母体的精神和肉体均会造成一定创伤。

◎ 手术时麻醉意外虽然极少发生，但也有可能发生。

◎ 手术时可能发生大出血及腹损伤，损伤腹内其他器官，术后也可能发生泌尿、循环、呼吸等系统的并发症。

◎ 手术中即使平安无事，术后仍有可能发生子宫切口愈合不良、晚期产后流血、腹壁窦道形成、切口长期不愈合，或易引发肠粘连或子宫内膜异位症等。

◎ 手术后子宫及全身的恢复速度都比自然分娩慢。

◎准妈妈再次怀孕和分娩时，有可能从原子宫切口处裂开而发生子宫破裂，如果原切口愈合不良，分娩时亦需再次剖宫产，故可能造成远期不良影响。

◎ 剖宫产分娩的新生儿有可能发生呼吸窘迫综合征和多动症。

## 哪些情况适用于剖宫产

※从胎宝宝的状况考虑

◎ 胎位不正：臀位、横位。

◎ 极低体重儿。

◎ 巨胎症：根据美国妇产科医学会的定义，新生儿体重超过4500克称为巨胎症。这样的宝宝若经阴道分娩常会发生难产、肩部难产、胎宝宝外伤等情况，采取剖宫产较安全。

◎ 胎宝宝先天性畸形：如水脑症、腹裂畸形、连体婴等，若经阴道分娩，可能因难产而伤害到准妈妈或胎宝宝，故以剖宫产为佳。

◎ 多胎妊娠。

※从准妈妈的状况考虑

◎ 子宫颈未全开而有脐带脱出时。

◎ 两次以上胎宝宝死亡或有不良产史者。

◎ 高龄产妇有胎位不正或骨盆问题时。

◎ 准妈妈外伤，如腹部外伤、车祸意外伤害，皆可伤及胎宝宝，需采取紧急剖宫产来抢救胎宝宝。

◎准妈妈突然死亡，在极短时间内需行紧急剖宫产来抢救胎宝宝。

※从母子两方面因素考虑

◎异常分娩或难产。

◎出血，如前置胎盘、胎盘早期剥离、子宫破裂、前置血管等造成的出血，会危及准妈妈和胎宝宝的生命，宜赶紧实施剖宫产。
◎准妈妈罹患糖尿病，并发血管病变，致使胎宝宝颅骨骨化不全，为防止通过产道时挤压胎头出血，需行剖宫产；或胎宝宝已成熟，催生失败时也需剖宫产。
◎准妈妈罹患高血压，如无法控制或演变成子痫时，经催生不成，宜采用剖宫产的方式生产。

### 剖宫产的注意要点

◎ 选择进行剖宫产手术的时间。根据怀孕的周数和有无产科其他并发症，一般由医生来选择手术时间。但如果到了预产期还未生，准妈妈可以和医生沟通以便于选择合适的手术时间，以避免宫缩引起的阵痛。
◎ 术前8小时禁食。如果已经决定做剖宫产手术，准妈妈在前一天晚饭后就不要再吃东西了，且在手术前6～8小时不宜再喝水。
◎ 掌握手术后进食的时间。一般以术后排气（放屁）作为可以正常进食的标志，快的话需要6小时，慢则需1～2天。

## 无痛分娩

无痛分娩在医学上又被叫做“分娩镇痛”，是利用一些方法使分娩时疼痛感减轻或使疼痛感消失的一种分娩方法。目前有很多准妈妈，尤其是第一次生产的准妈妈倾向于选择这种分娩方式。

目前通常使用的分娩镇痛方法有两种：一种方法是通过麻醉药或镇痛药来达到镇痛效果的药物性无痛分娩法；另一种方法是通过产前训练、指导子宫收缩时的呼吸，或在分娩时按摩疼痛部位、利用中医针灸等方法来减轻产痛的非药物性方法。

### 无痛分娩的优点

◎ 由于技术的提高，许多准妈妈已经开始选择无痛分娩的方式。因为它能让准妈妈在生产时减轻疼痛感，甚至不再受疼痛的折磨。
◎ 减少分娩时的恐惧感和产后的疲倦感。
◎ 无痛分娩有益于准妈妈与医生配合，对准妈妈及胎宝宝在生产过程中出现异常情况给予及时发现并救治。

### 无痛分娩的缺点

◎ 无痛分娩一般采用的是硬膜外麻醉，这种麻醉方法对大多数准妈妈都适用，但有极少数准妈妈可能会感觉头疼或下肢感觉异常等，一般这些不适症状都不会很严重，短时间内可自然消失。

◎ 绝大部分症状在无痛分娩后都不会产生任何后遗症，但一些严重的并发症还是有可能会存在的，如低血压等。所以在选择无痛分娩后还是应该尽早进行预防。

### 哪些情况不适用于无痛分娩

◎ 对于那些药物过敏的、腰部有外伤史的、有妊娠并发心脏病的准妈妈特别需要注意是否可以使用无痛分娩，一定要向医生咨询清楚后再做决定。
◎ 对于血压增高情况特别的准妈妈、宫腔内感染的准妈妈、宫内胎宝宝有缺氧情况的准妈妈等，则一定不能进行无痛分娩。

## 水中分娩

水中分娩是在一间特殊的产房内，在一个“分娩水池”内进行的，准妈妈泡在水温恒定于36℃～37℃且经过特殊处理的温水中，环境温度为26℃。

### 水中分娩的优点

◎ 温水可使准妈妈减少一些引起血压升高和产程延长的应激激素的分泌；减少能量消耗，为子宫收缩需要的大量体力做储备，并减少恐惧感。
◎ 准妈妈在生产时会出现疼痛感，然而在水中分娩，温水可以通过刺激皮肤产生的信号经纤维传导，从而减少疼痛感。
◎ 在水中，准妈妈因肌肉放松而有利于子宫口扩张，可加速产程，平均可节省85分钟。
◎ 水中分娩能提高会阴的弹性和松弛度，也能减轻胎宝宝对会阴的压迫，从而降低产道裂伤的机会，免除了会阴侧切的痛苦。

### 水中分娩的缺点

◎水中分娩有赖于专业的水中分娩设备以及医护人员专业的操作能力，如果一些医院在这部分做得不够好，有可能出现新生儿出生后因呛水而死亡的情况。
◎ 在水中分娩设备的消毒及如何防止感染等方面还有待进一步改进。
◎ 水中分娩时，从准妈妈体内流出的血液和分泌物有可能导致宝宝感染。

### 哪些情况不适用于水中分娩

◎ 专家认为，适用于水中分娩的准妈妈的最佳年龄在20～30岁，对于超过30岁又被视为“高龄产妇”的准妈妈来说，由于生理原因，一般不适用于在水中进行分娩，而应以剖宫产作为自己的首选方式。
◎ 对于有疾病或有流产史的准妈妈，使用水中分娩则容易引发综合征，造成不必要的损害，所以最好不要使用水中分娩，而应采用适合的生产方式。

# 分娩全过程及饮食细则

完整的分娩过程一般有三个阶段，也叫三个产程。它们分别是以下内容：

## 第一产程：宫颈开口期

【持续时间】

初产妇8～14小时；经产妇6～8小时。

【过程】

子宫有规律地收缩（即阵发性腹痛），随着子宫收缩加强，宫颈口逐渐开全。另外，还会出现破水、阴道流血等情况。

【准妈妈需注意的事项】

◎ 当子宫颈开口为0～3厘米时，此时距生产还有一段时间，准妈妈可继续走动或爬爬楼梯，加速产程的进行。

◎ 准妈妈可以随着阵痛的变化，调整自己的呼吸，以转移注意力，缓解疼痛感。

◎ 此时可以睡一觉，或吃一些流质食物，储备体力。

◎ 增加小便次数，因为膨胀的膀胱会阻碍胎先露下降和子宫收缩。大概每2～4小时主动排尿1次。

【饮食方案】

准妈妈要在有食欲的时候赶紧补充营养和水分，尽量吃些高热量的食物，如牛奶、鸡蛋、巧克力等，为分娩储备体力。

## 第二产程：胎儿娩出期

【持续时间】

一般来说，初产妇为30分钟至2小时；经产妇5分钟至1小时。

【过程】

当子宫颈口开全以后，胎膜破裂，胎头下降至阴道口，随着准妈妈用力向下屏气，腹部压力增高，胎头全部露出，接着胎体随之而下，胎宝宝出世离开母体。

【准妈妈需注意的事项】

◎ 每次先吸气，憋住10秒钟左右，努力用力，如果没有成功，就呼气等待下一次憋气时间。

◎ 当助产士可以看见胎头时，会告诉准妈妈此时不要太用力，准妈妈可以喘一喘气，让身体稍稍放松。因为如果胎头娩出的速度太快，容易撕裂阴道处的皮肤，这样准妈妈就只能接受会阴切开手术了。

◎当胎宝宝头部娩出时，助产士会检查宝宝有无脐带绕颈的情况，并清洁宝宝的眼、鼻及口腔，必要时会帮助宝宝吸出呼吸道中的液体。

【饮食方案】

准妈妈可在阵痛的间隙少量进食，如一小碗粥、一块巧克力等。在助产士和医护人员操作时则不宜进食。

## 第三产程：胎盘娩出期

【持续时间】

初产妇及经产妇均为10～15分钟。

【过程】

胎宝宝以头、肩、身体、脚的顺序娩出，然后助产士清理宝宝口鼻、剪断脐带，同时胎盘也随之娩出，分娩到此结束。胎盘娩出后要检查是否完整，否则容易造成产后出血。

【准妈妈需注意的事项】

如医护人员发现准妈妈的外阴有裂口，则会做局部的缝合。

【饮食方案】

分娩结束后2小时内，新妈妈可以进食半流质饮食，补充分娩过程中消耗的能量，如鸡蛋面、鸡蛋羹、蛋花汤等。

### Tips

每个准妈妈的产程长短并不是相同的，往往具有个别差异。有人习惯用臀部的大小来判断分娩的难易程度。但孕产专家认为，臀部大并不代表分娩能顺利，骨盆的大小和形状才是决定分娩难易的关键。在骨盆腔状况良好、胎宝宝大小适中的情况下，产程的长短取决于以下因素：

◎胎位。胎位即胎宝宝在子宫中的位置。如果胎宝宝是枕前位，有利于胎宝宝下降和娩出，不会延长产程。处于其他位置的胎宝宝娩出较困难，会使产程延长。

◎胎头入盆的时间。初产妇通常在预产期的前2周左右，胎宝宝的头部就会进入准妈妈的骨盆，为分娩做准备。如果胎宝宝迟迟不入盆，会给分娩带来困难，从而使产程延长。

◎子宫颈口与骨盆底组织的松弛程度。经产妇的子宫颈和骨盆底组织较初产妇松软，其宫口开得快，产程也会比较短。

第四章

# 准妈妈应对常见不适饮食宜忌

孕期，准妈妈正常的新陈代谢被打破，继而就会出现各种各样的身体不适，这时准妈妈不要惊慌，大部分不良反应都是正常的生理现象，只要注意平时的饮食就能改善和缓解各种症状，所以孕期吃对和吃好同等重要。

孕早期

# 先兆流产

先兆流产是指在孕早期已经确认宫内怀孕，胚胎依然存活，而准妈妈阴道有少量出血，出血量不超过月经量，并伴有腹部隐痛及轻微的间歇性子宫收缩，但实际上子宫未开大，羊膜囊未破裂，子宫大小与停经月份相符。

## 为什么会出现先兆流产

这是因为在孕早期，由于胚胎刚刚植入子宫内膜，与准妈妈的连接还不是太紧密，一旦受到干扰，就有流产的可能。尤其是当准妈妈还不知道自己怀孕时，可能会做一些剧烈的运动、进行性生活或搬运较重的物品等，这些都可能成为造成流产的因素。

## 预防先兆流产的注意事项

◎ 养成良好的生活习惯。

◎ 作息要有规律，最好保证每日睡够8个小时，并适当活动，这样才能使自己有充沛的体力和精力来应对孕期的各种情况。

◎ 不要从事过重的体力劳动，尤其是增加腹压的负重劳动，如搬重物、提水等。做家务时，也要避免危险性的动作，如登高等。

◎ 怀孕前3个月内应禁止性生活。因为性生活时，腹部会受到挤压，同时宫颈受到刺激，也会诱发宫缩。

◎ 孕早期，胎盘附着尚不牢固，应注意劳逸结合，保持心情愉快。

经常在户外散散心，保持良好的心态也是预防先兆流产的重要因素。

◎ 准妈妈衣着应宽大，腰带不宜束紧，平时应该穿平底鞋。

◎ 要养成定时排便的习惯，还要多吃富含膳食纤维的食物，以保持大便通畅。

## 预防先兆流产的饮食原则

### 饮食宜清淡

饮食以清淡为主，宜进食低脂肪、低胆固醇的食品，如香菇、芹菜、海带、鱼肉、鸡肉等；多食豆类及其制品；烹调时宜选用植物油，少用动物油。

### 多吃绿叶蔬菜

绿叶蔬菜中含有叶酸，而叶酸具有维护细胞正常生长、增强人体免疫力的功能。如果准妈妈体内缺乏叶酸，不但会出现巨幼细胞贫血，还可能导致流产。因此，女性在怀孕期间应多吃小白菜、油菜、圆白菜等绿叶蔬菜，以保证体内能够获得充足的叶酸。

### 分清体质进食

先兆流产属虚型体质，应以补气血为主，可适量吃些养肝肾的食物，如枸杞子、葡萄、黑芝麻、花生、核桃仁以及鸡蛋、鸡肉、牛奶、鱼等。血热者的饮食要以清淡为主，可以选择能凉血的食物，如芥菜、白萝卜、茄子、莲藕、黑木耳等。

### 禁吃具有加强子宫收缩作用的食物

禁吃具有加强子宫收缩作用的食物，如山楂等。因为这些食物滑利下趋，有明显的催产作用，如果先兆流产患者吃了，很容易导致流产。

### 不要吃寒性食物

准妈妈不要吃寒性食物，如蛏子、田螺、河蚌、蟹等。这类食物吃多了，很容易损伤胎气，引起胎动不安。

## 对症食材推荐

鸡肝能补肾壮阳、养血安胎，非常适合有先兆流产症状的准妈妈食用。明朝药学著作《本草汇言》中提到：“鸡肝补肾安胎……胎妊有不安而欲堕者，取其保固胞蒂，养肝以安藏血之脏也。”

### Tips

◎准妈妈要注意保持外阴清洁，如果患上阴道炎症应及时进行治疗，否则易诱发流产。

◎以前有过流产史的准妈妈，在下一次怀孕时最好在医生的指导下服用一些孕激素来安胎。

## 五香鸡肝

材料

鸡肝300克，葱结1根，姜4片。

调料

料酒2大匙，酱油1大匙，五香汁、盐各适量。

做法

❶鸡肝用水冲洗几遍后，放入清水中浸泡2个小时，中间换水2～3次。

❷将鸡肝捞出，撕掉上面的黄白色筋膜。

❸将鸡肝、姜片、葱结、料酒放入热水锅中，煮至八成熟，中间撇去血沫。

❹另取一锅，放入清水烧热，倒入鸡肝、五香汁，大火烧开后转小火焖煮10分钟，放入酱油、盐调味即可。

## 甜蜜鸡肝

材料

鸡肝300克，葱花、姜丝、香菜叶各适量。

调料

蜂蜜、盐、淀粉、香油各适量。

做法

❶鸡肝去除筋膜，洗净，调入蜂蜜、盐、淀粉、葱花、姜丝拌匀，腌渍20分钟。

❷将腌好的鸡肝码入盘中，表面淋上香油，然后放入蒸锅中蒸熟，出锅后，撒上香菜叶即成。

## 杜仲鸡

材料

乌鸡1只，炒杜仲适量。

调料

盐适量。

做法

❶将乌鸡去除毛杂和内脏，再用纱布将杜仲包好，放入鸡腹内。

❷锅内加水烧开，放入乌鸡，鸡煮至烂熟时，将鸡腹内的杜仲拿出，再加入盐调味即可。

美食有话说　此菜适用于气血不足、肾气亏虚的先兆流产准妈妈，可于怀孕前食用，也可在怀孕后食用。需要注意的是，杜仲属滋补中药，故用量一定要谨慎，最好咨询医生后再用。

## 乌鸡汤

材料

乌鸡1只，饴糖、生地黄各120克。

调料

盐适量。

做法

❶将乌鸡宰杀后，去毛及肠杂，洗净，切成块。

❷生地黄切片，拌入饴糖；将所有材料放入瓦钵内，加盐。

❸放入锅中隔水炖烂即可。

美食有话说　此菜温中健脾，补益气血，可缓解女性体弱不孕、月经不调、先兆流产、赤白带下及产后虚弱等症。

# 妊娠呕吐

所谓妊娠呕吐，就是指女性怀孕以后，会出现恶心、呕吐、眩晕、胸闷，甚至恶闻食味或食入即吐等症状，一般在1～3个月期间，大多会在短期内自行消失，但也有少数病情严重者造成水电解质紊乱及代谢障碍。

## 为什么会出现妊娠呕吐

妊娠呕吐的原因不能完全确定，而且也会因人而异。大体来说，主要有以下因素：绒毛膜促性腺激素的升高；黄体酮增加引起胃肠蠕动减少；胃酸分泌减少引起的消化不良；有些气味和味道会使准妈妈产生恶心的感觉。

## 妊娠呕吐会带来哪些问题

严重的孕吐会使准妈妈吃不下食物，有时候喝水也会吐，甚至还可能引起脱水；一天内多次孕吐会消耗体力，体重也会急剧下降；甚至有时恶心并没有引起呕吐，也会使准妈妈感到极度不适和虚弱。

## 妊娠呕吐的饮食调养

### 饮食要以有营养、清淡为主

准妈妈在孕吐较重时的饮食应以富于营养、清淡可口、容易消化为原则。妊娠反应重的准妈妈可在医生的指导下适当加服维生素$B_1$、维生素$B_6$，每日服3次，每次10毫克，连服7～10天，以帮助增进食欲，减少不适感。

### 多吃一些含水分多的食物

为了防止呕吐严重时引起脱水，可选食一些含水分多的食物，如水果、蔬菜等。这些食物不仅含有大量的水分，而且还含有丰富的维生素C和钾等矿物质。

### 远离会造成呕吐的食物

少吃过于油腻、味道过重的食物，以免造成准妈妈恶心或心悸；少喝咖啡、浓茶等，这些刺激性的饮品不仅对胎宝宝无益，而且会增加准妈妈的早孕反应。

### 每天要少食多餐

恶心呕吐多发生在早晨起床或傍晚，也就是说胃中太空或太饱时都易引起恶心呕吐，因此准妈妈可采用少食多餐的方法。晚上可准备一些容易消化的食物，早餐起床前吃少量食物都可减轻恶心、呕吐。

## 柠檬海带西红柿汤

材料

西红柿50克，水发海带250克，鲜柠檬2个。

调料

奶油1大匙，酱油、盐、高汤各适量。

做法

❶西红柿洗净，去皮，取汁；柠檬洗净，取汁；将水发海带洗净，切成丝。

❷将海带丝放入高汤中煮5分钟捞出，备用。

❸将高汤倒入净锅中，加入奶油、酱油、盐、鲜柠檬汁、西红柿汁。

❹倒入海带丝，煮熟后倒入汤碗内即可。

## 柠檬山药拌牛舌

材料

牛舌头1个，山药丝200克，柠檬皮丝、红椒丝各少许。

调料

白糖、盐、醋、柠檬汁各适量。

做法

❶将牛舌头洗净，切成丝；将山药丝放入清水中浸泡5分钟，捞出沥干。

❷将柠檬汁加白糖、盐、醋调成味汁。

❸将牛舌丝、山药丝、柠檬皮丝、红椒丝放入碗中，加入味汁拌匀即可。

## 柠檬南瓜条

材料

南瓜600克。

调料

柠檬汁、白糖各适量。

做法

❶将南瓜去皮、瓤，洗净后切成条，放入锅内蒸熟，盛在盘内晾凉备用。

❷把柠檬汁、白糖调匀，浇在南瓜上静置10分钟即可。

## 什锦水果沙拉

材料

苹果、猕猴桃、橙子、香蕉各1个，冰奶块少许。

调料

沙拉酱适量。

做法

❶苹果洗净，切成块；橙子、猕猴桃、香蕉均剥皮，切成块。

❷将所有水果块混合，加入沙拉酱拌匀。

❸放入加有冰奶块的容器中即可。

## 橙汁荸荠

材料

荸荠400克，橙子500克。

调料

白糖20克。

做法

❶将荸荠去皮洗净，切成两半；橙子去皮，放入榨汁机中榨成汁。

❷将橙汁与白糖混合搅匀，倒入容器中，再放入荸荠，腌渍10分钟即可。

# 孕期感冒

准妈妈在怀孕期间，由于鼻、咽、气管等呼吸道黏膜肥厚、水肿、充血，导致抗病能力下降，所以容易引发感冒。准妈妈应正确处理，必要时应及时就医。医生会根据准妈妈的感冒症状来给出解决办法。

## 准妈妈感冒后的饮食对策

◎ **饮食宜清淡。**准妈妈感冒后的饮食应少油腻，既满足营养的需要，又能增进食欲。可选择白米粥、小米粥、绿豆粥，配合甜酱菜、大头菜等清淡小菜。

◎ **适量喝酸性果汁。**准妈妈感冒后，可适量喝酸性果汁，如猕猴桃汁、大枣汁、鲜橙汁等，以促进胃液分泌，增进食欲。

◎ **多吃含维生素C、维生素E的食物。**西红柿、苹果、葡萄、牛奶等食物富含维生素C、维生素E，能抑制新病毒合成，有抗病毒作用，准妈妈可以多吃。

## 远离孕期感冒的饮食误区

### 误区一：孕期感冒后一定要多吃滋补性食物

很多人都认为，准妈妈如果发生了感冒，只要多吃补品就可以增强抵抗力、消除病毒，其实这是一种错误的观点。

因为在感冒初期，准妈妈一般都没有胃口，这也是准妈妈在这一时期身体自我保护的一种机制。准妈妈进食后，在消化吸收的过程中，血液会流向胃部进行工作，相对脑部的血液供应便会减少。另外，准妈妈感冒时，身体为能集中精力应对病魔，大脑便会发出不想进食的信号，让其他器官休息，所以准妈妈才会没有胃口。

### 误区二：孕期感冒应该多吃水果

有的准妈妈认为，感冒以后要多吃水果，可以增强身体抵抗力。这种看法不完全正确，也要看个人情况而定。准妈妈感冒后吃水果，确实可以补充维生素C，但是果汁或水果一般都很冰冷，食用过多，可能造成支气管收缩，加剧咳嗽症状，并不是很适合感冒期间食用。

## 对症食材推荐

姜有温中、散寒、止痛的功效，对大脑皮层、心脏、延髓的呼吸中枢和血管运动中枢均有一定的兴奋作用。着凉、感冒时喝姜汤，能起到较为明显的预防及缓解作用。

## 南瓜红枣粥

**材料**

南瓜100克，糯米80克，枸杞子适量。

**调料**

红糖适量。

**做法**

❶南瓜去皮，洗净，切小块；糯米洗净，入清水中浸泡30分钟；枸杞子洗净。

❷锅置火上，加入适量清水，然后放入南瓜块、枸杞子和浸泡好的糯米，大火煮沸后转小火，煮30分钟左右，煮至粥熟米烂。

❸最后加红糖调味即可。

美食有话说 常食此粥可以补中益气，促进新陈代谢，且清淡可口，能缓解感冒带来的不适。

## 姜汁西蓝花

**材料**

西蓝花400克，姜末30克。

**调料**

盐、鸡精、白糖、酱油、醋、香油各适量。

**做法**

❶将西蓝花洗净，掰成小块。

❷将西蓝花块放入沸水中焯烫一会儿，捞起晾凉，沥干后盛在盘内。

❸将盐、鸡精、白糖、酱油、醋、香油加姜末调匀，浇在西蓝花上即可。

# 孕早期疲惫

怀孕期间，因为身体受激素影响，加上腹中胎宝宝成长需要许多能量，因此，准妈妈很容易产生疲惫感或身体酸痛感。这是怀孕期间的正常现象，准妈妈不用过于担心，良好的饮食习惯加上规律的生活作息，就可以适度减轻疲惫感。

## 孕早期疲劳的居家应对方法

◎ 做力所能及之事，不要强迫自己做要强的人而使自己过度劳累。

◎ 注意坐着的时候抬高脚的位置。晚上早点休息，不要熬夜。

◎ 每天闭目养神10分钟，然后用指尖按摩前额、双侧太阳穴及后脖颈。这样不仅有利于缓解疲劳，还可以健脑安神。

◎ 选择一些优美抒情的音乐来听，有助于放松精神，缓解疲劳。

## 孕早期疲劳的饮食应对方法

◎ 不要吃过多的糖果，因为糖果会使体内热量迅速提高，导致血糖降低，从而使准妈妈感到更加疲乏。

◎ 补充维生素$B_1$可以促进碳水化合物的代谢，帮助糖原的生成并转化为能量，有助于缓解疲劳、迅速恢复体力。

◎ 维生素C可以减轻身体上的压力和不安的情绪，所以准妈妈可以吃一些富含维生素C的食物。

◎ 维生素E有扩张末梢血管的作用，不但可以改善手脚的末梢血液循环，还可以间接活跃神经细胞。

## 对症食材推荐

香蕉。香蕉中的糖分可迅速转化为葡萄糖，立即被人体吸收，是一种快速的能量来源。香蕉富含的镁具有消除疲劳的效果，准妈妈每天吃2根香蕉或吃香蕉制成的甜点、菜肴，可改善孕早期疲惫现象。

## 香蕉糯米粥

材料

香蕉3根，糯米50克。

调料

冰糖100克。

做法

❶香蕉去皮，切块；糯米淘洗干净，入清水中浸泡1小时。

❷锅置火上，加入适量清水，然后放入浸泡好的糯米，大火煮沸后，放入冰糖，转小火煮25分钟左右，煮至粥熟烂。

❸放入香蕉块，搅拌均匀即可。

## 煎香蕉

材料

香蕉2根。

调料

糖浆适量，肉桂粉少许，葵花子油1大匙。

做法

❶挑选生一点的香蕉，去皮后对半切片。

❷锅中放入1大匙葵花子油，烧热后将香蕉片表面向下，先煎一面，翻面再煎至两面均微黄后盛盘。

❸再淋入糖浆，撒上肉桂粉即可。

# 孕期腹痛

孕早期，很多准妈妈总感觉有些腹痛，有时还伴有呕吐等早孕反应，这主要是由孕早期激素的突然改变引起的。准妈妈要分辨出哪些腹痛是正常的生理反应，哪些是身体提出的疾病警告。对于病理性的腹痛，应及时到医院检查治疗，以免延误病情。

## 孕期腹痛的可能原因

孕期由于肠蠕动功能减弱，准妈妈容易发生腹痛。孕早期时，准妈妈体内逐渐增大的子宫会对周围其他脏器形成压迫而产生疼痛，这种疼痛一般会随着准妈妈怀孕周数的增加而逐渐消失。

孕期腹痛也有可能是一些异常状况的先兆，如流产、早产等。此外，宫外孕、葡萄胎、双胞胎、羊水过多症等，也都伴有强烈的腹胀、疼痛等症状。

可见，很多时候，准妈妈腹部胀痛是腹内的胎宝宝送来的“危险”信号，所以即使很轻微也要停下来暂时休息，以观察情况。如果只是稍微的腹胀疼痛不要大惊小怪，要静下心来好好观察。如果胀痛并伴有少量出血，要及时就诊，多数医生会建议准妈妈尽量躺卧休息。

## 孕期腹痛时吃什么

准妈妈因为肠蠕动功能减弱而引起孕期腹痛时，在饮食上要注意多吃一些富含维生素$B_1$的食物。同时，在选择食物时，尽量少选择易产气的食物，如黄豆、土豆、甘薯等。

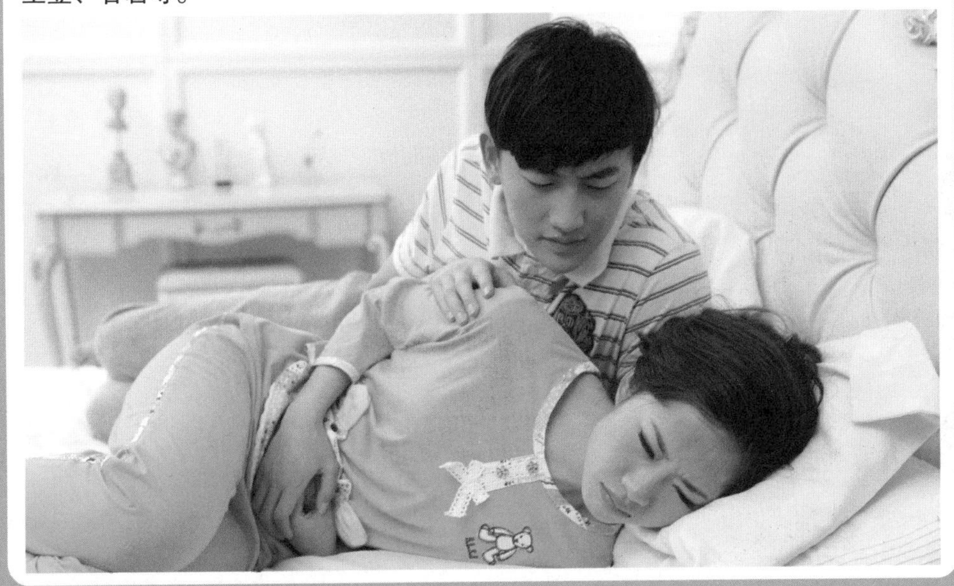

## 胡萝卜炒猪肝

**材料**

新鲜猪肝150克，胡萝卜50克，青椒片、葱末各适量，蒜末、葱段、姜末各少许。

**调料**

盐、鸡精各3克，料酒、蚝油、干淀粉各适量。

**做法**

❶将猪肝处理干净，切片；胡萝卜洗净去皮，切片；其余材料备齐。

❷猪肝片中加少许盐、料酒和干淀粉拌匀略腌下，倒入热油锅中迅速滑散，捞出沥油。

❸油锅烧热，放葱末、蒜末、葱段和姜末炒香。放入青椒片、胡萝卜片略炒，放入猪肝片略煸。烹入料酒，加盐、鸡精、蚝油调味即可。

❹以水淀粉勾芡，出锅装盘即可。

## 芹菜炒猪肝

**材料**

新鲜猪肝250克，芹菜100克，红椒丝、姜片、蒜末各适量。

**调料**

盐、鸡精各3克，干淀粉、白糖、蚝油、料酒、水淀粉各适量。

**做法**

❶将猪肝处理干净，切片；芹菜择洗干净，切段；其余材料备齐。

❷猪肝片加少许盐、料酒和干淀粉抓匀，腌渍片刻。

❸炒锅烧热，加油，倒入腌渍过的猪肝片滑炒至变色。

❹加入姜片、蒜末炒香，下入红椒丝略炒，倒入芹菜段略炒。加盐、鸡精、白糖、蚝油和料酒调味即可。

## 五谷什锦粥

材料

糙米60克，燕麦60克，黑糯米60克，黑豆20克，红豆20克，莲子20克。

调料

无

做法

❶糙米、燕麦、黑糯米、黑豆、红豆、莲子分别洗净，入清水中浸泡30分钟。

❷锅置火上，加入适量清水，然后放入黑豆、红豆，大火煮沸后，转小火煮15分钟左右。

❸放入余下的材料，大火煮沸，然后转小火慢煮，煮至粥熟即可。

## 粗粮土鸡煲

材料

土鸡肉600克，十谷米50克，黄豆适量，菠菜段适量。

调料

盐适量，高汤1000毫升。

做法

❶将十谷米、黄豆均洗净后浸泡，每隔1小时换一次水，4个小时后捞出、沥干；土鸡肉洗净，剁小块。

❷将土鸡块放入沸水锅中氽烫，捞出，洗净，备用。

❸净锅置火上，放入十谷米、黄豆、高汤和适量清水，大火煮沸。

❹然后放入土鸡块，再次煮沸后盖上锅盖，转中小火焖煮1个小时至熟透。熟透之后，再放入菠菜段略煮，再加盐调味即可。

孕中期

# 孕期抑郁

准妈妈如果患上产前抑郁症，除了要加强心理调节或心理治疗外，在饮食上也要精心调理，这对缓解抑郁心理很有帮助。而且，饮食治疗没有不良反应，适当补充某些营养物质，调理好每日饮食，就可以使准妈妈精力充沛、心情愉悦。

## 每天食用适量的水果和蔬菜

准妈妈需要每天食用适量的水果和蔬菜，尤其是绿色、多叶蔬菜。这些水果和蔬菜中富含的镁、硒、锌和B族维生素，都是抗抑郁必备的微量元素。

此外，水果和蔬菜中含有的色氨酸、酪氨酸、维生素E、叶酸等，也是可以激发好心情的营养物质。

## 摄入充足热量

足够的热量能够使脑细胞的正常生理活动获得充足的能量。因此，准妈妈的食物要在色、香、味上做文章，以刺激准妈妈胃口，使她们增强食欲、促进热量物质的摄入，从而保证大脑正常活动所需。

## 适量食用碱性食物

除五谷杂粮、豆类外，植物性食物多半为碱性食物，多吃蔬菜水果等碱性食物，在避免消极情绪的同时更有利于身体健康。

## 增加蛋白质的摄入量

鱼、虾、瘦肉中含有丰富的优质蛋白质，可以为脑活动提供足够的兴奋性介质，提高脑的兴奋性，对改善孕期抑郁症状有很大帮助。

## 对症食材推荐

燕麦、玉米富含糖类，糖类能提高脑部色氨酸的量，有安定情绪的作用。

## 橙汁珍珠

材料

鲜甜玉米粒200克，青豆、火腿丁各50克。

调料

蜂蜜、白糖、橙汁各适量。

做法

❶将青豆、甜玉米粒放入沸水锅中焯烫至断生，捞起过凉，沥干备用。

❷将所有调料调匀，与所有材料拌匀，倒入大碗中即可。

## 芦笋玉米百合

材料

芦笋400克，玉米粒100克，鲜百合100克。

调料

香油20克，鸡精1克，盐3克。

做法

❶芦笋去皮洗净，切成段；玉米粒洗净；鲜百合洗净，去黑边，放入清水中浸泡。

❷锅内加适量水烧沸，放入芦笋段、玉米粒、鲜百合焯烫片刻，捞出沥干水分。

❸将所有材料装入盘中，加入盐、鸡精、香油拌匀即可。

## 燕麦玉米甜粥

材料

燕麦片100克，甜玉米粒50克。

调料

白糖适量。

做法

❶甜玉米粒洗净。

❷锅中倒入清水大火煮开后，放入甜玉米粒，转小火，煮至八成熟。

❸放入燕麦片继续煮5分钟，并且不停地搅拌，待锅中燕麦呈黏稠状，调入白糖即可。

美食有话说 燕麦中的褪黑素在大脑中起到控制睡眠与清醒的循环作用，食用燕麦片能诱使人体产生褪黑素，起到促进睡眠的效果。

## 扒双菜

材料

净白菜帮250克，小油菜200克，葱、姜各少许。

调料

鸡汤、水淀粉各1大匙，料酒、酱油各2小匙，白糖1小匙，盐少许。

做法

❶将白菜帮顺向切成3厘米长、1厘米宽的条；小油菜洗净备用；葱、姜切末。

❷白菜帮、小油菜分别入沸水锅中焯烫至熟，捞出过凉水，沥干，备用。

❸油锅烧热，下葱末、姜末炝锅，烹入料酒、酱油、盐、白糖和鸡汤。

❹把白菜帮和小油菜放入锅中煸炒至熟，用水淀粉勾芡，起锅装盘。

# 小腿抽筋

大多数的准妈妈在孕中期都会出现腿部痉挛的情形，尤其多发于夜间，一般是腓肠肌（俗称“小腿肚”）和脚部肌肉发生痛性痉挛。

## 孕期小腿抽筋的影响及危害

在怀孕期间发生小腿抽筋是准妈妈怀孕后的一种正常生理现象，很多准妈妈经常会在熟睡中因为腿部抽筋而惊醒，有时甚至会严重影响睡眠质量。

另外，小腿抽筋多是由缺钙造成的，这也是身体在提醒准妈妈需要补钙了。否则，可能会影响准妈妈自身健康及胎宝宝骨骼发育的问题。

## 准妈妈小腿抽筋的诱因

### 血运不畅

准妈妈的子宫在孕期一天天变大，压迫到下腔静脉，进而会导致下肢的血运不畅。另外，也有许多上班族准妈妈由于久坐、久站，容易造成局部血液循环不畅，因而易发生腿部抽筋。

### 睡姿不当

准妈妈发生腿部抽筋常在夜晚时分，有可能是由于夜晚不当的睡眠姿势维持过久所致。

### 钙摄取不足

孕中期时，准妈妈对包括钙质在内的许多微量元素的需求量会越来越大，因而需要每天补充足量的钙来保证身体的需求量。如果膳食中钙及维生素D含量不足，就会加重钙的缺乏，而夜间血钙水平又比日间低，所以会发生小腿抽筋现象。

## 饮食补钙缓解腿抽筋

用饮食来进补，是准妈妈补钙的有效途径。从怀孕的第5个月开始，准妈妈就应在饮食中有意增加富含钙的食物，主要有豆制品、鸡蛋、小鱼干、虾米、虾皮、藻类、贝壳类水产品、鳗鱼、软骨等，准妈妈不妨经常食用，尤其是孕吐反应剧烈的准妈妈更要注意补充钙。准妈妈在进食高钙食品时，也不要忘记饮食中要适当增加蛋白质的含量，避免吃高脂肪食物。因为蛋白质有利于食物中钙的吸收，而脂肪会在人体内转变为脂肪酸，并与钙结合，成为难溶性化合物而无法被人体吸收，会加重准妈妈小腿抽筋的症状。同时，还要摄入一些富含维生素D的食物，如鱼类等，也有利于钙的吸收。

## 牛奶玉米脆

材料

熟玉米粒200克。

调料

土豆粉、牛奶、白糖各适量。

做法

❶熟玉米粒、土豆粉入牛奶拌匀。

❷起锅热油，入玉米粒铺平用小火煎。

❸取剩余的土豆粉用牛奶调制成较稠的淀粉糊。

❹将淀粉糊均匀浇在玉米粒空隙，防止玉米粒散开，继续用小火煎至淀粉变成透明状。

❺倒没过玉米粒的植物油，待油温升高后，再炸4分钟，至表面变脆关火即可。

## 荷叶蒸豆腐

材料

嫩豆腐1盒，荷叶1张，虾仁3个，葱花适量。

调料

盐1小匙，蚝油1小匙，酱油1小匙，水淀粉少许，清汤1碗。

做法

❶将豆腐切片。

❷将荷叶泡水，回软后刷洗干净，剪成适当的大小，铺在蒸笼中，刷上少许油，豆腐片铺放在荷叶上，撒上少许盐，入蒸锅蒸5～6分钟，熟透后取出。

❸油锅烧热，爆香虾仁，淋入清汤烧开，加入蚝油、酱油、盐调味。

❹用水淀粉勾芡后，撒入葱花，做成味汁，淋到蒸好的豆腐上即可。

# 便秘

便秘是准妈妈通常会遇到的烦恼之一。准妈妈千万不能因为便秘而不吃或少吃。应对孕期的便秘还是应以食疗为主。

## 孕期发生便秘的原因

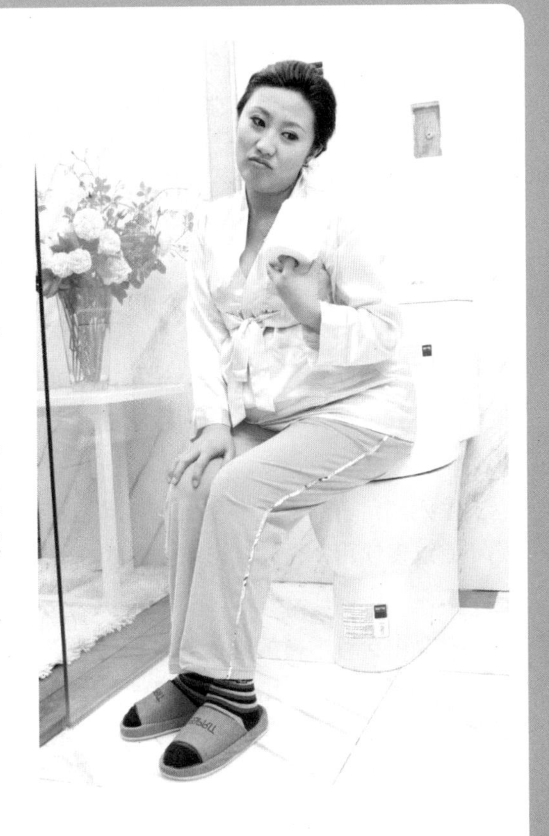

准妈妈由于分泌大量孕激素，造成胃酸分泌减少，使胃肠道的肌肉张力下降及肌肉的蠕动能力减弱。这样，就使吃进去的食物在胃肠道停留的时间过长，食物残渣中的水分又被肠壁细胞吸收，致使粪便变得又干又硬，难以排出体外，从而出现便秘症状。

另外，准妈妈逐渐增大的子宫也会对直肠形成压迫，使粪便难以排出体外；同时，身体活动量减少，也不容易推动粪便向外运行；腹壁的肌肉变得软弱，排便时没有足够的腹压推动，造成排便无力。这些都是引发便秘的可能因素。

## 缓解准妈妈便秘的饮食建议

### 注意多饮水

清晨喝一杯温开水，有助于清洁肠道并刺激肠道蠕动，使大便变软，从而易于排出。

### 少食多餐

可以帮助准妈妈缓解胃胀感，且有助于改善消化不良的症状，促进排便。多吃促进排便的食物，如梨、菠菜、海带、黄瓜、苹果、香蕉、芹菜、韭菜、白菜、甘薯等，这些食物可以促进肠道肌肉蠕动，软化粪便，从而起到润滑肠道的作用，帮助准妈妈排便。

## 多吃富含膳食纤维的食物

过于精细的饮食会造成排便困难，因此准妈妈要适当吃些富含膳食纤维的蔬菜、水果和粗杂粮。

## 可缓解孕期便秘的明星食物

### 玉米

玉米营养丰富，含有多种营养素，尤其是膳食纤维的含量很高，能刺激胃肠蠕动，加速粪便排出，对缓解孕期便秘大有好处。但准妈妈食用玉米时应避免过量，否则容易导致胃满、胀气。

### 土豆

营养全面且易消化，土豆中所含的膳食纤维可以促进胃肠蠕动，准妈妈经常食用土豆，能有效降低胆固醇，从而起到通便的作用，对改善孕期的便秘症状很有帮助。

### 扁豆

扁豆中的膳食纤维丰富，便秘的准妈妈常吃可以促进排便通畅。但烹煮扁豆的时间不宜过短，不熟的话则会发生中毒现象。

### 蜂蜜

准妈妈每日清晨喝一杯蜂蜜水可以缓解便秘症状，但蜂蜜含糖量较高，准妈妈不宜过多饮用，否则会影响体内的糖代谢。

### 黄豆

黄豆中含有丰富的膳食纤维，能通肠利便，有利于改善准妈妈便秘症状。但黄豆也不可多食，否则易引起腹胀。

### 芋头

芋头具有促进胃肠蠕动、帮助身体吸收和消化蛋白质等营养物质的作用，还能消除血管壁上的脂肪沉淀物，因而对缓解孕期便秘、肥胖等都有一定的作用。但芋头易致胃满、胀气，准妈妈不宜过量食用。

### 芹菜

芹菜具有清热解毒、平衡血压的食疗功效，有“厨房里的药物”、“药芹”等美称。芹菜可以刺激肠胃蠕动、促进排便，有清肠的作用，是帮助准妈妈缓解便秘的佳品。芹菜还能起到保护准妈妈血管的作用，有助于胎宝宝骨骼发育，预防未来宝宝发生软骨病。

## 香芹炒鸭肠

材料

新鲜鸭肠250克，香芹200克，红椒丝适量，姜片、葱段各少许。

调料

盐、料酒、鸡精、水淀粉各适量。

做法

❶将香芹择洗干净，切段；鸭肠处理干净，切段；其余材料备齐。

❷锅中注入适量清水烧开，倒入鸭肠段汆烫去异味，捞出沥干。

❸油锅烧热，放姜片、葱段炒香。

❹烹入料酒倒入鸭肠段煸炒片刻。倒入红椒丝炒香，倒入香芹段炒匀。

❺加盐、鸡精炒至熟透入味，用水淀粉勾芡即可。

## 红烧香菇魔芋

材料

芋头100克，香菇100克，魔芋100克，葱段适量。

调料

盐、酱油、白糖、鸡精各适量，高汤1碗。

做法

❶芋头去皮洗净，切块，倒入热油锅中略炸，捞出。

❷香菇泡软，去蒂，切块，汆烫，捞出；魔芋洗净，切块。

❸油锅烧热，爆香葱段，再加入剩余材料略炒。

❹倒入高汤煮沸，调入剩余调料即可。

## 青椒魔芋丝

材料

鲜嫩青椒100克，魔芋丝250克。

调料

水淀粉2小匙，盐少许。

做法

❶将青椒择洗干净，切成细丝；魔芋丝洗净。

❷将盐、水淀粉调汁备用。

❸油锅烧热，将青椒丝和魔芋丝一同下锅煸炒。

❹倒入调好的味汁，将所有材料炒熟即可。

## 扁豆炖排骨

材料

排骨500克，扁豆200克。

调料

盐3克，陈醋8克，老抽15克，白糖适量。

做法

❶扁豆择洗干净，切段；排骨洗净，剁成块。

❷油锅烧热，放入排骨块翻炒至金黄色。

❸调入盐，再放入扁豆段，并加入适量水、陈醋、老抽、白糖炖煮。

❹煮至汤汁收少时，大火收汁，起锅装盘即可。

# 妊娠期糖尿病

孕期糖尿病是糖尿病的一种特殊类型，指女性在怀孕后，发现有各种程度的糖耐量减低或明显的糖尿病。准妈妈最好每1～2周做一次检查，包括检查尿酮体、蛋白尿、心血管以及测定血压、体重，如果发现指标异常，应及时与医生沟通，及早诊治。

## 妊娠糖尿病的危害

### 对准妈妈的危害

易引起准妈妈自然流产、早产、合并妊娠高血压综合征、感染、羊水过多等症；且准妈妈易发生酸中毒。

### 对胎宝宝的危害

准妈妈如果发生酸中毒，易导致胎宝宝死亡或脑神经细胞受损；胎宝宝发生畸形的概率升高；胎宝宝常伴有高胰岛素血症，出生后常会发生低血糖反应；易导致胎宝宝体重过重，往往产生巨大儿，增加难产的概率。

## 准妈妈对于糖摄入的误区

※误区1：血糖高，不能吃主食

不吃主食，血中的酮体会增加，对胎宝宝的危害很大。

※误区2：不吃主食就可以不打胰岛素

无论是否摄入主食，如果血糖未控制在理想的范围内，就应该用胰岛素加以控制。

※误区3：打胰岛素就不用控制饮食

如果准妈妈饮食超量，那么用再多的胰岛素也无济于事。

※误区4：糖尿病患者专用无糖食品可以多吃

无糖食品也应算作主食，不能过量食用。

※误区5：只吃粗粮，不吃细粮就行

食用粗粮对控制血糖有利，但如果食用过多，会给肠胃造成负担，大便次数就会增加，不利于营养物质的吸收。应粗细搭配。

※误区6：空腹时血糖高，睡前不敢加餐

准妈妈这样做，易造成夜间低血糖及胎宝宝低血糖，还易导致第2天空腹时血糖反应性增高。

## 准妈妈应怎样摄取糖类

### 控制含糖饮料或甜食的摄取量

准妈妈摄取糖类，是为身体提供能量、维持正常代谢。但准妈妈应该尽量控制含糖饮料或甜食的摄取量。切不可以为不吃淀粉类食物就可以控制血糖，或者完全不吃主食就可以控制血糖。

### 水果不能当作孕期的主食

虽然水果的口感好，营养丰富，但如果准妈妈长期大量地摄入高糖分的水果，加上孕期到来后母体发生的生理变化以及平时运动减少等因素，往往会导致准妈妈体内的糖代谢紊乱，极易引发妊娠糖尿病。

### 用新鲜水果取代果汁

准妈妈可以吃任何一种水果，但一定要适量摄取，同时应尽量食用新鲜水果，少喝果汁。

饮食与运动并重为了拥有正确的饮食方式，准妈妈可在医生的指导下，在不影响胎宝宝生长发育的前提下控制热量的摄取。另外，正餐后散步30分钟对控制准妈妈的血糖也有帮助。

## 对症食材推荐

燕麦、豆类、绿叶蔬菜、魔芋等食物都富含膳食纤维，能够延迟葡萄糖的吸收，并推迟消化后高血糖的出现时间，使血糖处于较稳定状态。

苦瓜。研究发现，苦瓜中所含的苦瓜皂苷有类胰岛素样作用，可谓“植物胰岛素”，有明显的降低血糖的作用。

## Tips

### 教你做好喝的苦瓜汁

1.苦瓜洗净，去蒂及籽，切块，放入榨汁机中，并加入凉开水打成汁。

2.将汁倒入杯中，加牛奶及养乐多搅匀即可。

## 海鲜冬瓜汤

材料

冬瓜100克，鲜鱿鱼、魔芋丝、虾丸各55克，蟹棒、净虾仁各35克。

调料

高汤、盐、鸡精各适量。

做法

❶冬瓜洗净，去皮，切片；鲜鱿鱼处理干净，切片；蟹棒切段备用。

❷锅置火上，加入适量清水煮沸，分别放入冬瓜片、鱿鱼片、虾丸、蟹棒段、虾仁略煮后捞出，冲洗干净，沥干，备用。

❸净锅倒入高汤，再放入冬瓜片、鱿鱼片、魔芋丝、虾丸、蟹棒段、虾仁煮熟。

❹最后加盐、鸡精调味即可。

## 凉拌魔芋丝

材料

魔芋丝200克，黄瓜丝，金针菇各50克。

调料

白醋1大匙、香油、酱油各1大匙。

做法

❶金针菇去蒂洗净，与魔芋丝分别放入开水中焯烫，捞出沥干。

❷黄瓜丝，入碗加白醋抓拌，腌渍5分钟，捞出冲净，沥干。

❸将所有材料加香油和酱油拌匀即可。

## 梅菜拌苦瓜

材料

苦瓜片、梅菜干各300克。

调料

盐3克，香油1小匙。

做法

❶将苦瓜片放入沸水中焯烫至断生，捞起，盛于盘中。

❷将梅菜干洗净，放入清水中浸泡5分钟，捞起沥干，切段，放入苦瓜盘中。

❸加调料、拌匀即可。

## 木耳炒苦瓜

材料

苦瓜250克，水发黑木耳100克，洋葱100克。

调料

盐、白糖、香油各适量。

做法

❶将苦瓜洗净，去籽，切片，用冰水浸泡，捞起控干水分。

❷水发黑木耳、洋葱均洗净切块。

❸油锅烧热，下洋葱块炒香，放入苦瓜片煸炒。

❹再下入黑木耳块，调入盐、白糖迅速翻炒均匀。最后淋上香油，装盘即可。

# 缺铁性贫血

准妈妈患缺铁性贫血的情况比较常见，一般在怀孕第4～6个月时易发生。准妈妈一旦发生孕期贫血，常有以下表现：偶尔头晕；面色苍白；指甲变薄且易折断；经常感觉疲劳，即使活动不多也会感到浑身乏力；偶尔感觉呼吸困难；心悸、胸痛等。

## 孕期缺铁性贫血的危害

铁是人体制造血红蛋白的重要原料，也是人体的必需元素。在孕期，如果准妈妈患缺铁性贫血，会影响自己及胎宝宝的身体健康。

### 缺铁性贫血对准妈妈的主要危害

◎ 妊娠高血压综合征的发生率明显升高。

◎ 准妈妈分娩时易发生宫缩乏力、产程延长等不良后果。

◎ 分娩过程中容易大量失血。

◎ 准妈妈分娩时，胎宝宝容易发生宫内窒息而致死胎。

### 缺铁性贫血对胎宝宝的不良影响

◎ 可能会导致胎宝宝早产、死胎。

◎ 在宫内生长迟缓，发育不良。

◎ 易患先天性缺铁性贫血，出生后容易体弱多病。

◎ 容易诱发新生宝宝呼吸道、消化道感染。

## 孕期缺铁性贫血，食物补铁很重要

进入孕期后，准妈妈的子宫、乳房、胎盘、胎宝宝及母体均需储备铁。一般从孕4月开始，准妈妈血液中铁的浓度及铁蛋白水平就会逐渐下降，至孕晚期时可达最低值。所以，准妈妈最好从孕中期就开始补铁。

### 富含铁的食物

食物是铁的最佳来源。为预防缺铁性贫血，准妈妈应多进食富含铁的食物，如蛋黄、瘦肉、动物肝脏以及干果等。另外，需要注意的是，动物性食物中的铁比植物性食物中的铁更易吸收。一般来说，在植物性食物中，铁必须转化为二价铁后才容易被人体吸收。所以，准妈妈最好通过动物性食物与植物性食物的合理搭配，来补充体内缺乏的铁。

### 富含叶酸的食物

在孕期，准妈妈要注意进食肝脏、肾脏、绿叶蔬菜及鱼、蛋、坚果等富含叶酸的食物，且在做菜时，一定要注意不宜温度过高，也不宜烹调时间太久。

## 黑木耳扒小油菜

材料

新鲜小油菜150克，水发黑木耳100克，胡萝卜片20克，葱段、姜片各少许。

调料

盐、鸡精、香油各少许，料酒、蚝油、水淀粉各适量。

做法

❶黑木耳洗净，撕成小朵；小油菜择洗干净，一剖为二，去叶留梗。

❷锅中注入适量清水烧开，倒入木耳朵焯烫片刻，捞出沥干。

❸将小油菜倒入沸水中焯烫片刻，捞出沥干，摆入盘中。

❹油锅烧热，下葱段、姜片炒香，加胡萝卜片、黑木耳朵略炒。烹入料酒，加盐、鸡精和蚝油调味。

❺以水淀粉勾芡，淋入香油即可。

## 白菜黑木耳炒肉

材料

猪瘦肉100克，新鲜白菜60克，水发黑木耳20克，红椒丝15克，蒜片、姜丝各少许。

调料

干淀粉、水淀粉各少许，盐、鸡精、生抽各3克，料酒、白糖各适量。

做法

❶猪瘦肉洗净，切片；白菜洗净切片；黑木耳择洗干净，撕成小朵。

❷肉片加干淀粉、少许盐、鸡精、料酒抓匀，腌渍片刻。

❸油锅烧热，下入肉片迅速滑散，炒至变色。烹入料酒，盛出备用。

❹下蒜片、姜丝炒香，下白菜片、黑木耳朵、红椒丝炒熟。加盐、鸡精、生抽、白糖调味，以水淀粉勾芡即可。

# 妊娠纹

孕期准妈妈的腹壁上会出现一些宽窄不同、长短不一的粉红色或紫红色的波浪状花纹，还有可能出现在胸部、肩部以及大腿内外侧、臀部等处，刚开始生成时，常伴有牵扯感或轻微痒感，这就是妊娠纹。

## 产生妊娠纹的原因

很多第1次怀孕的准妈妈在怀孕后5～6个月时，下腹部、大腿、臀部或胸部就会出现扩张性条纹，这些条纹往往由身体中央向外放射，呈平行状或放射状分布。

这是因为女性怀孕后，皮肤内的胶原纤维因激素紊乱会变得很脆弱，子宫的膨胀也超过了腹部肌肤的伸张度，从而导致皮下纤维组织及胶原蛋白纤维断裂，产生了裂纹。

另外，准妈妈如果在怀孕期间体内的激素发生改变，或者体重增加过快，也会导致出现妊娠纹。妊娠纹的发生因人而异，不见得每个准妈妈都会有妊娠纹，而每个准妈妈妊娠纹的严重程度也各不相同。

## 应对妊娠纹的饮食原则

### 调整饮食习惯

准妈妈多吃富含维生素C的食物，可以淡化色素，继而淡化妊娠纹；多吃利水食物，可以紧致肌肤，使妊娠纹变得细而浅；多吃富含维生素$B_6$和蛋白质的食物，可以增加皮肤中胶原蛋白的含量，增加真皮的延展性，帮助准妈妈减轻妊娠纹。

### 有规律地饮水

准妈妈早上起床后，可先喝一大杯温开水，刺激胃肠蠕动，如果常便秘，可在水中加入少许盐。

### 摄取健康的食物

准妈妈在怀孕期间应该避免摄取过多的甜食及油炸食品，要注意摄取健康的营养物质，改善肤质，帮助皮肤增强弹性。同时，要注意控制糖分的摄入量，少吃色素含量高的食物，适量食用富含胶原蛋白的食品，以增强皮肤弹性。

## 有助于消除妊娠纹的食物

**西蓝花**

含有丰富的维生素A、维生素C和胡萝卜素。其中，维生素C不但能增强准妈妈的免疫力，保证胎宝宝不受病菌感染，还能增强准妈妈皮肤弹性；维生素A能增强皮肤的抗损伤能力。所以，准妈妈常食西蓝花，有助于增强皮肤弹性，远离妊娠纹的困扰。

**猕猴桃**

含有丰富的维生素C、维生素D、膳食纤维以及钙、磷、钾等矿物质。其中的维生素C能有效地抑制皮肤氧化，干扰黑色素的形成，预防色素沉淀，保持皮肤白皙，从而有效对抗妊娠纹。

**三文鱼**

富含胶原蛋白，是皮肤最好的“营养品”。三文鱼可以减慢人体细胞的老化速度，不仅可以起到减少皱纹的作用，还可以有效缓解妊娠纹。准妈妈经常食用，可使皮肤丰润饱满、富有弹性。

**猪蹄**

含有较多的蛋白质、脂肪、碳水化合物、钙、磷、镁、铁及多种维生素。不仅如此，蹄皮、蹄筋中丰富的胶原蛋白还可以有效应对妊娠纹，减少妊娠纹给准妈妈带来的困扰。而且，常食猪蹄还能预防皮肤干瘪起皱，增强皮肤弹性和韧性，从而延缓衰老。需要准妈妈注意的是，猪蹄中脂肪含量较高，准妈妈不宜多食。

**海带**

富含碘、钙、磷、硒等多种人体必需的矿物质，准妈妈常吃，能够调节血液的酸碱度，防止皮肤分泌过多油脂。

海带还含有丰富的胡萝卜素、维生素$B_1$等，可以有效防止皮肤老化，有助于缓解妊娠纹。

**黄豆**

含有丰富的维生素A、维生素C、维生素D、维生素E和多种人体必需氨基酸，这些物质可以破坏人体内的自由基，抑制皮肤衰老，防止色素沉着于皮肤。

**木瓜**

木瓜具有美白、滑润、强健皮肤的作用，对预防并改善妊娠纹有一定的作用，是女性的美容养颜佳品。

## 花豆炖猪蹄

材料

花豆100克，猪蹄块200克，枸杞子、红枣各10克，葱段5克。

调料

米酒2大匙，盐1/2小匙。

做法

❶花豆浸泡约1小时，捞出，沥干，备用。

❷猪蹄块放入沸水中汆烫，捞起沥干备用。

❸将做法1、做法2的材料、红枣和所有调味料放入炖锅中，炖煮约1小时。

❹最后再加入枸杞子和葱段续煮1分钟即可。

## 三文鱼杯

材料

三文鱼肉150克，西红柿、红椒各1个，生菜末、葱末各适量。

调料

番茄酱、橄榄油各适量。

做法

❶将三文鱼肉切成小丁，放在大碗内，加入所有调料拌匀腌渍10分钟。

❷将西红柿、红椒分别洗净，切成丁。

❸将三文鱼丁和各种蔬菜丁装入鸡尾杯，放入生菜丝和葱末即可。

## 西红柿三文鱼

材料

西红柿1个，三文鱼肉300克，洋葱1/2个，葱白末少许。

调料

A.胡椒盐1/2小匙；B.白糖2大匙，橄榄油1大匙，迷迭香粉1/2小匙。

做法

❶将西红柿去蒂洗净，切十字刀，放入沸水中焯烫，捞出后撕掉外皮，切成丁。

❷洋葱去皮洗净，切成丁，与西红柿丁和调料B拌匀，腌渍20分钟。

❸将三文鱼肉洗净，切成片，抹上调料A，放入热油锅中煎至鱼肉变硬变色，盛出晾凉，加入洋葱丁、西红柿丁拌匀，撒上葱白末即可。

## 海带牛肉汤

材料

干海带100克，牛肉50克，蒜适量。

调料

香油、酱油、盐各适量。

做法

❶干海带入清水中浸泡至软后洗净，捞出，沥干，切块；牛肉洗净，切块；蒜去皮，切末，备用。

❷锅置火上，烧热后放入牛肉块，再加香油、酱油和少许盐调味，搅拌均匀，煮2分钟，然后放入海带块，一边搅拌一边煮约1分钟，再倒入适量清水，煮沸后放入蒜末，大火煮沸后转小火，盖盖煮20分钟，最后加剩余盐调味即可。

# 预防孕期牙龈炎

俗语说，“生一个孩子掉一颗牙”，意思是说怀孕期间女性会得牙龈炎等牙周病，从而导致牙齿脱落。虽然实际情况并没有这么糟糕，但准妈妈的牙齿和牙龈的确非常容易患病。

## 怀孕后牙齿就不好了吗

经历过十月怀胎的人都知道，孕期牙龈容易发炎，刷牙时也容易出血。怀孕期间，受激素分泌的影响，牙龈充血肿胀，容易引发牙周炎，有时还会出现牙周浮肿、牙齿松动等症状。

现代医学已经证明，准妈妈的口腔疾病会危及到胎宝宝的正常发育。而且牙龈炎对于准妈妈的危害也是显而易见的，孕期需要充足的营养，牙龈炎会严重阻碍营养的吸收。另外，孕期拔牙等治疗还有造成流产的危险。

## 坚固牙齿，补钙、磷是根本

牙齿的状态是准妈妈衡量钙和磷的摄入量是否充足的一面镜子。牙齿的主要成分是钙和磷，且钙和磷需从食物中获得。准妈妈对钙、磷的摄入充足，加之讲究口腔卫生，牙齿就会得到较好的保护，变得坚固而洁白。所以，准妈妈在饮食中一定要增加钙和磷的摄取。

## 准妈妈护牙的饮食要点

### 适量补充维生素D

维生素D有促进钙、磷吸收和调节骨钙的作用，含维生素D丰富的食物有动物肝脏、鱼肝油等。准妈妈1周补充2次富含维生素D的食物就可以了。另外，准妈妈适当晒晒太阳也是补充维生素D的好办法。

### 维生素C不可缺

当人体缺乏维生素C时，牙龈就会变得脆弱，可能出现牙龈萎缩、出血、肿胀甚至牙齿松动等症状。维生素C有改善毛细血管通透性的作用，能够减轻牙龈出血程度。富含维生素C的食物有绿色蔬菜和水果等。

### 蛋白质也是重要部分

牙龈是软组织，当缺乏蛋白质、钙、维生素C时，易发生牙龈疾病。如果准妈妈孕期体内蛋白质充足，免疫力也会随之增强，那么就可以有效减少牙龈炎的发生。鸡蛋、瘦肉、鱼类、豆制品等都是准妈妈的良好选择。

## 香椿炒鸡蛋

材料

鸡蛋2个，香椿150克。

调料

盐、鸡精各半小匙，香油少许。

做法

❶将香椿洗净切段；其余材料备齐。

❷将鸡蛋磕入碗中打散，加少许盐、鸡精搅拌均匀。

❸油锅烧热，倒入蛋液，翻炒至熟。

❹倒入香椿段翻炒片刻。

❺加入盐炒至熟透入味，加鸡精、香油搅拌均匀即可。

美食有话说 为了保证鸡蛋的鲜嫩，炒制时间最好不要太久，以免鸡蛋炒得过老而影响口感。

## 洋葱炒鸡蛋

材料

洋葱200克，鸡蛋3个（打成蛋液），胡萝卜60克，葱末少许。

调料

盐3克，香油少许。

做法

❶洋葱去皮洗净，切丝；胡萝卜去皮洗净，切条。

❷油锅烧热，倒入打散的鸡蛋液炒熟，盛出。

❸炒锅再次烧热，加油，放入葱末炒香，倒入胡萝卜、洋葱丝，翻炒至将熟。

❹倒入鸡蛋，加盐翻炒均匀、入味，淋入香油，出锅装盘即可。

## 蛤蜊蛋汤

材料

鸡蛋300克，蛤蜊、猪肉、韭菜各适量。

调料

盐、高汤各适量。

做法

❶猪肉洗净，切末；韭菜择洗干净，切末，备用。

❷鸡蛋磕入碗中，加盐、韭菜末、猪肉末搅打均匀。

❸蛤蜊吐沙后洗净，沥干，备用。

❹油锅烧热，倒入蛋液，煎成蛋饼，盛出，切块，放入碗中，备用。

❺净锅放入高汤，倒入蛤蜊，煮沸后调入剩余盐，倒入鸡蛋碗中，入蒸锅中大火蒸16分钟即可。

## 洋葱土豆烧牛肉

材料

牛肉片300克，土豆片150克，洋葱块80克，红椒片适量，姜片、蒜末、葱段各少许。

调料

料酒、生抽各3克，盐、干淀粉、豆瓣酱、蚝油、水淀粉各适量。

做法

❶在牛肉片中加部分盐、生抽和干淀粉拌匀后腌渍片刻。

❷油锅烧热，下入牛肉片滑炒。

❸锅中留底油烧热，加红椒片、姜片、蒜末和葱段炒香。

❹倒入土豆片、洋葱块煸炒片刻，烹入料酒，倒入牛肉片略炒。

❺加入豆瓣酱炒至入味，加盐、生抽、蚝油翻炒均匀。

❻以水淀粉勾芡，出锅装盘即可。

据统计，约有75%的准妈妈在怀孕期间或多或少会有水肿现象发生。

水肿是孕期正常的生理现象，准妈妈要积极应对，做好调理工作。

## 孕期水肿的症状和原因

随着胎宝宝一天天长大，很多准妈妈都会发现自己的脚开始变胖，手指也开始变粗，甚至连戒指也无法戴在原来的手指上了，这些都是水肿的表现。尤其是从孕中期开始，准妈妈常发生下肢水肿，这主要是由于胎宝宝发育、子宫增大，压迫盆腔血管，使下肢血液回流受影响所致。一般来说，孕妈妈只要经过卧床休息，水肿症状就会消退。如果卧床休息后，水肿仍不见消退，准妈妈就应当及时去医院就诊。

## 孕期水肿的影响及危害

水肿是妊娠高血压综合征的先兆之一，由下肢末端开始，严重时向上发展，还可能由此导致高血压和蛋白尿，威胁准妈妈和胎宝宝的健康。所以，准妈妈应尽早发现苗头，及早防治。若出现头晕、眼花、抽搐时，则应立即送医院救治，千万不可延误救治时机。

### Tips

◎孕中、晚期尽量变化动作姿势，避免长久站立，也不要久坐、盘腿坐、跷腿坐，还要控制步行走路的距离。

◎准妈妈不要吃难消化或易胀气的食物，如油炸的糯米糕、甘薯、洋葱、韭菜等，以免引起腹胀，使血液回流不畅而加重水肿。

◎不吃过咸的饭菜，控制盐分摄入。因为盐里的钠离子会加重水在组织间隙中的潴留，使水肿不容易消退。

◎穿着宽松舒适的孕妇装，特别是下装更要宽松一些，鞋子也要柔软轻便。

## 帮准妈妈消除水肿的饮食习惯

有水肿的准妈妈一定要注意调整自己的饮食，改善营养结构。具体要做好以下几点：

◎摄入足量的蛋白质。水肿的准妈妈，尤其是由于营养不良引起水肿的准妈妈，一定要保证进食肉、鱼、虾、蛋、奶等食物。这些食物中含有丰富的优质蛋白质。

◎进食足量的蔬菜、水果。蔬菜和水果中含有多种人体必需维生素和微量元素，所以准妈妈每天应适量进食蔬菜和水果，以提高机体的抵抗力，促进新陈代谢，还可解毒利尿。

◎不要吃过咸的食物。发生水肿的准妈妈不要吃过咸的食物，特别不要多吃咸菜，以防水肿加重，而要尽量吃些清淡的食物。

◎控制水分的摄入。水肿症状较严重的准妈妈应适当控制水分的摄入。

◎少吃难消化、易胀气的食物。准妈妈要少吃油炸糯米糕、油炸甘薯等难消化和易胀气的食物，以免引起腹胀，使血液回流不畅，加重水肿症状。

## 利水消肿的明星食物

下面几种食物对缓解孕期水肿症状非常有效，准妈妈在发生水肿症状后可以经常食用。

●鲤鱼
●冬瓜
●胡萝卜

◎鲤鱼。鲤鱼含有丰富的不饱和脂肪酸和蛋白质，可以滋补健胃、清热解毒、利水消肿，是准妈妈消除水肿的食疗佳品。

◎冬瓜。冬瓜含有多种维生素和矿物质，且水分丰富、肉质细嫩，具有调节人体代谢平衡的作用，可以利尿消肿、祛暑解闷、解毒化痰、生津止渴，能有效缓解孕期水肿症状，防治肝炎、肾炎等疾病。

◎胡萝卜。有孕期水肿症状的准妈妈宜食富含B族维生素、维生素C、维生素E的食物，如胡萝卜等蔬菜和水果，可以增加食欲、促进消化，有助于利尿和改善体内的水液代谢。

◎鸭肉。鸭肉滋阴清热、利水消肿，体质燥热、容易水肿的准妈妈宜经常食用，可改善水肿症状。

## 红枣黑豆炖鲤鱼

材料

鲤鱼1条，红枣8个，黑豆30克，葱段、姜片各适量。

调料

盐、料酒各少许。

做法

❶将鲤鱼去除内脏，洗净，切成段；红枣洗净，去核；黑豆淘洗干净，用清水浸泡一晚上。

❷锅中放入适量清水和鲤鱼段，用大火煮沸，再加入黑豆、红枣、葱段、姜片、盐和料酒，改用小火煮熟即可。

美食有话说 此菜以鲤鱼为主，配以红枣和黑豆，可利水消肿、补虚养血。在孕晚期，这是一道应对体虚水肿和孕期水肿的食疗佳品。

## 冬瓜海鲜卷

材料

冬瓜500克，鲜虾180克，火腿、香菇、芹菜、胡萝卜各25克，豆苗少许。

调料

水淀粉、盐、白糖各适量。

做法

❶将冬瓜洗净，切薄片；鲜虾洗净剁蓉；火腿、香菇、芹菜、胡萝卜均洗净切条；豆苗洗净，备用。

❷将冬瓜片入沸水中焯烫至软，将虾蓉、胡萝卜条、芹菜条、香菇条、豆苗分别在沸水中氽烫。

❸将除冬瓜片外的全部材料拌入盐、白糖，包入冬瓜片内卷成卷，刷上油，上笼蒸熟取出装盘，菜汤用水淀粉勾薄芡淋在表面，撒上豆苗，即可。

## 红枣莲子鸭肉煲

材料

鸭肉500克，干莲子70克，红枣适量，党参适量，姜片适量，山药块适量。

调料

盐1小匙，醪糟适量。

做法

❶鸭肉洗净，剁成块；莲子洗净，提前放入水中浸泡2个小时，捞出；其余材料均洗净，备齐。

❷将鸭肉块放入沸水锅中氽烫至熟透后捞出，洗净，沥干水分。

❸油锅烧至五成热，爆香姜片，再加入鸭肉块，煸炒至水分略干。

❹放入莲子、山药块、党参、红枣、醪糟和适量清水，大火烧开，撇去浮沫，盖上锅盖转小火煮40分钟加盐即可。

## 糖醋胡萝卜丝

材料

胡萝卜250克，青椒丝、蒜末各少许。

调料

盐、白糖、陈醋、蚝油、鸡精各适量。

做法

❶将胡萝卜洗净，切丝；其他材料备齐。

❷锅中注入适量清水烧开，倒入胡萝卜丝焯烫片刻，捞出，放入清水中略泡，捞出沥干。

❸油锅烧热，放入蒜末炒香，放入青椒丝、胡萝卜丝翻炒至变软。

❹将所有调料调成味汁，倒入锅中拌炒匀即可。

# 失眠

怀孕以后，准妈妈经常会失眠；随着准妈妈的腹部日渐隆起，睡眠时一般需要采取左侧卧位，由此会使准妈妈感到不适而影响睡眠；另外，增大的子宫加重了对膀胱的压迫，使准妈妈夜间小便次数增多，这也会影响睡眠质量。

## 孕期失眠的危害

◎体力下降，无法应对分娩。准妈妈是特殊人群，睡眠对于她们尤为重要。因为怀孕是对女性身心的重大挑战，而正常、充足的睡眠是消除准妈妈身体疲倦的最有效方法之一。十月怀胎漫长、疲惫，准妈妈如果没有良好的睡眠，持续的劳累就难以得到恢复、休整，体力透支，而且宝宝出生后，新妈妈也往往没有精力照顾宝宝。

◎影响胎宝宝发育。准妈妈保证充足的睡眠，可以促使大脑产生更多的生长激素，从而有利于促进胎宝宝大脑的发育，还可以帮助胎宝宝在子宫里长得更快更好。反之，如果准妈妈睡眠缺乏、质量下降，则会影响腹中胎宝宝的生长和发育。

◎增加准妈妈患病风险。如果准妈妈持续睡眠不足，还会增加其患妊娠高血压综合征等疾病的概率。

## 预防失眠的饮食建议

◎日常饮食中要控制盐分的摄入。

◎晚饭时到入睡前不要过多饮水。

◎每天早饭和午饭多吃一点儿，也可少食多餐。晚饭一定要少吃，晚饭时也不要喝太多的汤，有利于睡眠。

◎要特别注意食物的选择，避免长期大量摄取易引起过敏的食物，以免引起迟发性过敏反应而影响睡眠。

◎睡前喝杯热牛奶或食用适量燕麦粥，也有利于入睡。

◎缺钙会导致失眠。准妈妈如果持续睡眠不足的时间较长，可以在医生指导下服用补钙制剂。平时也应多吃牛奶或奶制品、鱼类、虾类、海藻类、豆类等富含钙的食物，此外，多食绿叶蔬菜也可以促进钙的吸收。

◎可多吃些百合。百合是一味药食两用的缓解失眠的常用食材之一，有清心除烦、宁心安神的作用，对准妈妈神思恍惚、失眠多梦等症状有明显的改善作用。

## 百合炒南瓜

材料

南瓜半个，百合4个。

调料

盐适量。

做法

❶南瓜对半切开，削去外皮，挖出内瓤，切成薄厚适中的片；百合剥成瓣，去掉外边褐色部分，洗净，并入沸水中焯烫片刻，捞出，沥干水分。

❷炒锅内放入油，烧至七成热时放入南瓜片，翻炒均匀，加入适量水（稍稍没过南瓜），大火煮开后以小火焖7～8分钟，至南瓜熟软。

❸待锅中还有少量汤汁时，放入百合焖2分钟，加入盐，大火翻炒2分钟收干汤汁即可。

## 虾仁爆银百

材料

银耳（泡发）50克，百合（泡发）30克，虾60克。

调料

盐3克，白糖5克，白醋3克，鸡精4克，料酒少许，水淀粉1大匙，干淀粉5克。

做法

❶锅里加水煮沸，放入银耳和百合氽烫2分钟，捞出，控干，备用。

❷将虾去虾线，剥壳，洗净加料酒、干淀粉搅拌，用手抓匀，腌制15分钟。

❸油锅烧至七成热时下入银耳、百合翻炒数下，加白糖、盐、白醋、鸡精调味，再加虾仁翻炒均匀。

❹最后用水淀粉勾薄芡，大火收汁。

# 孕期高血压综合征

妊娠高血压综合征是孕晚期的常见病，准妈妈一定要重视。准妈妈在孕晚期要密切监测体重和血压变化，血压应维持在140/90毫米汞柱（1毫米汞柱=0.133千帕）以下，此外，准妈妈科学补充孕期营养是预防和缓解妊娠高血压综合征的重要方法。

## 妊娠高血压综合征的影响及危害

准妈妈如果患了妊娠高血压综合征，易引起心力衰竭、凝血功能障碍、胎盘早剥、脑出血、肾功能衰竭及产后血液循环障碍等。同时，妊娠高血压综合征还会对胎宝宝产生很多不良影响，尤其是重度妊娠高血压综合征，其为早产、胎宝宝死亡、新生宝宝窒息和死亡的主要原因。

## 预防和缓解妊娠高血压综合征的饮食原则

### 适当补充热量

如果准妈妈在孕期增重过高，那么患妊娠高血压综合征的概率也就更高。而热量摄入过多可使孕期体重过大，也会增加妊娠高血压综合征的发病率。因此，准妈妈要注意控制体重的增长，而热量的摄入要适中。

### 充分摄取蛋白质

患妊娠高血压综合征的准妈妈一般有明显的低蛋白血症症状，这可能与其尿中蛋白质排出过多或体内氮代谢障碍有关。准妈妈可通过适量进食猪瘦肉、蛋类、豆类及豆制品等食物来补充。

### 控制脂肪总摄入量

脂肪的产热率比较高，因此要控制其摄入总量，但其中的不饱和脂肪酸的产热率比较低。所以，准妈妈在摄取脂类方面，应以菜籽油、黄豆油、玉米油、花生油等植物油为主。

### 多吃鱼类食物

淡水鱼含有EPA（二十碳五烯酸），如鲫鱼、鲤鱼、鳝鱼等，对改善准妈妈新陈代谢、抑制血小板聚集等都有益处。

### 多吃谷类和新鲜蔬菜

准妈妈应经常食用谷类及新鲜蔬菜，不仅可增加膳食纤维的摄入量，还可补充多种维生素和矿物质，有利于防止和改善妊娠高血压综合征。

### 摄入充足铁

贫血准妈妈容易并发妊娠高血压综合征，所以，准妈妈应注意补铁，有助于降低妊娠高血压综合征的发病率。

### 补充钙质

准妈妈应增加钙的摄入，避免因钙不足而致妊娠高血压综合征。

## 妊娠高血压综合征患者的食物选择

为缓解和改善妊娠高血压综合征症状，准妈妈在食物的选择上应始终遵循有利于消肿、降压、增加蛋白质和通便这几个原则。

◎ 多吃主食。大米、面粉、麦片、通心粉、酵母制作而成的面包等。

◎ 多吃动物性食物。禽肉、牛肉、河鱼、河虾、牛奶、鸡蛋及猪瘦肉等。

◎ 多吃蔬菜、水果。扁豆、白菜、土豆、南瓜、西红柿、胡萝卜、冬瓜、西蓝花、丝瓜、青菜、荠菜、香蕉、苹果、橙子等蔬菜及水果。

◎ 需要限制的食物。盐、酱油、咸菜、酱菜、咸肉、咸鱼、咸蛋、腐乳、碱发面制成的馒头或碱面制成的饼干等。

### 推荐食材

黄豆。黄豆含有多种维生素和矿物质，营养价值很高。此外，因为黄豆含有具有降低血压作用的亚油酸，且不含胆固醇，故历来被人们作为预防高血压的理想保健食品。

## Tips

◎准妈妈孕晚期热量摄入过多、每周体重增长过快是孕期高血压综合征的危险因素，因此准妈妈摄入的热量应以每周增重500克为宜。重度孕期高血压综合征的准妈妈因尿中蛋白丧失过多，常有低蛋白血症，故应摄入优质蛋白来弥补其不足。

◎为了避免出现孕期高血压综合征，准妈妈要均衡补充营养，远离热量高的食物。

◎定时去做产前检查。这是及早发现孕期高血压综合征的最好方法。如有异常医生会马上发现，以便于及早采取对症治疗方法，使病情得以控制。

## 芹菜烧豆渣

材料

黄豆、芹菜各250克。

调料

盐、鸡精各适量。

做法

❶将泡发好的黄豆放入豆浆机中，打完豆浆后过滤掉豆渣备用；芹菜去掉老叶，洗净，切丝。

❷油锅烧热，放入芹菜丝，翻炒至软后再放入豆渣，翻炒均匀后，转小火烧至没有汤汁时，调入盐和鸡精，炒匀即可。

## 鲫鱼紫菜汤

材料

净鲫鱼600克，紫菜300克，白萝卜100克，葱、姜、香菜叶各适量。

调料

醋、盐、料酒各适量。

做法

❶白萝卜洗净，去皮，切丝；紫菜温水泡发，入沸水锅中焯烫后捞出，沥干；葱洗净，切段；姜洗净，部分切片，部分切末，备用。

❷油锅烧热，放入鲫鱼煎至两面变黄，调入料酒，放入葱段、姜片，倒入适量清水，煮沸后放入紫菜，煮至将熟，然后放入白萝卜丝，加盐调味，最后放入姜末、醋煮匀，撒香菜叶即可。

## 雪菜肉丝炒豆芽

材料

黄豆芽150克，猪瘦肉150克，雪菜100克，葱丝少许，香菜叶少许。

调料

酱油1大匙，鸡精1小匙，花椒粉半小匙，料酒半小匙，盐适量。

做法

❶猪瘦肉切丝；雪菜洗净切段；黄豆芽洗净，焯烫后沥干。

❷油锅烧热，入葱丝、花椒粉炝锅，煸炒猪瘦肉丝。

❸烹入料酒，添少许水，放入雪菜段炒透。

❹加剩余调料及黄豆芽炒匀，淋明油，撒香菜叶即可。

## 鲤鱼笋尖汤

材料

鲤鱼500克，冬笋尖片50克，鸡蛋（取蛋清）1个，蒜苗段、葱段、姜片、香菜段各适量。

调料

干淀粉、香油、盐、料酒各适量。

做法

❶鲤鱼处理干净，剔骨取肉，切片。

❷鲤鱼肉片放入碗中，加少许盐、料酒、干淀粉、蛋清抓匀。

❸油锅烧热，爆香葱段、姜片后，倒入适量清水，然后放入鱼片、冬笋尖片，煮至鱼肉熟透，再调入盐，略煮后盛出，最后淋入香油，撒上蒜苗段、香菜段即可。

# 孕期腹胀

孕晚期，胎宝宝生长迅速，增大的子宫会逐渐压迫到腹部上方的胃肠道，所以准妈妈此时会有腹胀的感觉，同时可能伴有呕吐、胃痛等症状。此外，准妈妈如果在平时大量进补或摄入了一些容易产气的食物，也会出现胀气症状。

## 孕期腹胀的原因

腹胀、胀气是准妈妈在怀孕的时候都会有的经历。但每个准妈妈孕期腹胀的症状、原因、感觉等却都是因人而异的。其原因主要有：

### 孕激素发生变化

这是引起孕期腹胀、胀气的最大原因。妊娠期，准妈妈体内孕激素的增加，可以抑制子宫肌肉的收缩以防止流产，但同时也会使机体的肠道蠕动减慢，造成便秘，进而引起腹胀等不适。当便秘情况严重时，腹胀的情形也就会更加明显。

### 饮食习惯的改变

孕期到来后，准妈妈饮食上发生的重大变化也是造成孕期腹胀、胀气的重要原因。比如，准妈妈大量进补，会造成食物堆积在胃肠内不易消化，还易引起便秘，使腹胀感更加严重；准妈妈因为口味变化，摄取了较多容易产气的食物，也会导致胀气等。

## 给准妈妈的饮食建议

### 少吃产气的食物

黄豆、甘薯、芋头、栗子、土豆等，准妈妈都不宜过量食用。也有的准妈妈对洋葱、梨等食物反应比较强烈，也要注意不吃或少吃。不耐受乳糖的准妈妈要远离含乳糖的牛奶等。

### 多吃新鲜蔬果

富含膳食纤维的食物可以促进肠蠕动，缓解腹胀等不适症状。所以准妈妈可以适量吃些富含膳食纤维的蔬菜、水果和粗粮，如茭白、韭菜、芹菜、丝瓜、莲藕、白萝卜、苹果、香蕉、猕猴桃等。

### 少食多餐

准妈妈不宜一次进食大量的食物，否则会增加肠胃的消化负担，引起和加重腹胀、胀气症状，准妈妈可以采用少量多餐的进食方式，有助于有效减轻孕期腹胀的症状。

## 拌三蔬

材料

莲藕、山药各150克，胡萝卜80克，香菜段少许。

调料

盐适量。

做法

❶将莲藕、山药、胡萝卜去皮洗净，切成薄片。

❷将胡萝卜片、莲藕片、山药片放入热油锅中炸熟，捞出沥油。

❸加入适量的盐拌均匀即可。

## 红油藕片

材料

莲藕350克，葱末适量，蒜末少许。

调料

红油2大匙，醋、生抽、白糖各适量，香油少许。

做法

❶将莲藕洗净，切片后放入凉水中浸泡，再放入沸水中焯烫断生。

❷将蒜末、葱末和所有调料混合调成味汁，淋在莲藕片上，搅拌均匀即可。

## 芝麻脆拌

材料

豆干200克，芹菜150克，红椒1个。

调料

盐、鸡精、米醋各少许，黑芝麻、花椒油各适量。

做法

❶将豆干洗净，切成条；芹菜择洗干净，切成段；红椒洗净，切条。

❷将芹菜段放入沸水中焯烫断生。

❸所有材料和调料拌匀即可。

## 萝卜牛腩汤

材料

白萝卜250克，牛腩200克，葱、姜各适量。

调料

盐适量。

做法

❶白萝卜洗净，去皮，切菱形块；牛腩洗净，切块；葱切末；姜切片，备用。

❷白萝卜块入沸水中焯烫至熟，捞出，沥干，水锅再次煮沸后放入牛腩块略汆烫，捞出，冲洗去血沫，沥干，备用。

❸净锅置火上，加入适量清水煮沸后放入牛腩块、姜片，大火煮沸后转小火煮45分钟，然后放入白萝卜块，再加入盐煮至熟，最后放入葱末即可。

## 蛤蜊丝瓜

材料

丝瓜1根，蛤蜊300克，红椒1个，葱1根，蒜末15克，姜丝30克。

调料

A：盐1小匙，鸡精2小匙，醪糟1大匙，B：香油少许，水淀粉适量。

做法

❶丝瓜去皮，洗净后切片；葱洗净后切段；红椒洗净后切片；蛤蜊浸泡于清水中吐沙，备用。

❷油锅烧热，放入葱段、红椒片、姜丝、蒜末爆香。

❸再放入调料A、丝瓜片、蛤蜊，加适量水，加盖慢煮。

❹煮得差不多的时候，关火加盖焖一会，至蛤蜊开口，最后以水淀粉勾芡，并淋上香油即可。

# 十月营养套餐推荐

怀孕10个月间，准妈妈要摄取大量营养成分，才能满足胎宝宝正常发育的需求。下表提供了10个月的营养套餐参考方案，希望准妈妈能吃得营养健康。

## 孕1月营养套餐方案

| 餐次 | 套餐方案 |
| --- | --- |
| 早餐 | 全麦面包、蛋糕或包子配以牛奶、粥、汤、鸡蛋、蔬菜 |
| 加餐 | 可以食用牛奶配全麦饼干，或果汁配消化饼干，或酸奶配苹果等 |
| 午餐 | 素炒菜2盘，荤菜1盘，但量不用过多；再加1碗蔬菜蛋汤，米饭适量 |
| 加餐 | 可以适当吃些瓜子、花生、腰果之类的坚果 |
| 晚餐 | 豆腐煲1碗，什锦蔬菜1盘、鱼肉炒菜1盘，1碗肉末粥或麦片粥 |

## 孕2月营养套餐方案

| 餐次 | 套餐方案 |
| --- | --- |
| 早餐 | 馒头1个，小米粥1碗，煮鸡蛋1个，蔬菜或咸菜适量 |
| 加餐 | 鲜牛奶1杯，苹果1个 |
| 午餐 | 蔬菜炒鸡蛋1盘，红烧鱼1盘，米饭适量 |
| 加餐 | 馒头片2片，柑橘1个 |
| 晚餐 | 素菜1盘，凉拌蔬菜1小盘，蔬菜炒肉丁1盘，面条1碗 |

## 孕3月营养套餐方案

| 餐次 | 套餐方案 |
| --- | --- |
| 早餐 | 花卷（或豆包）1个，米粥1碗，鸡蛋1个，青菜适量 |
| 加餐 | 牛奶1杯，消化饼干2片，苹果1个 |
| 午餐 | 素菜1小盘，凉拌蔬菜1小盘，鱼肉菜1小盘，豆腐汤1小碗，米饭1碗 |
| 加餐 | 全麦饼干2片，鲜榨果汁1杯 |
| 晚餐 | 蔬菜炖豆腐1小碗，清蒸鱼1小盘，蛋黄莲子汤1小碗，米饭适量 |

## 孕4月营养套餐方案

| 餐次 | 套餐方案 |
| --- | --- |
| 早餐 | 面条1碗，豆包1个，鸡蛋1个，蔬菜适量 |
| 加餐 | 牛奶1杯，饼干2片，水果1个 |
| 午餐 | 瘦肉炒蔬菜、凉拌西红柿、炖豆腐各1小盘，米饭适量 |
| 加餐 | 全麦饼干2片，鲜榨果汁1杯 |
| 晚餐 | 鸡蛋炒蔬菜、豆腐炖菜、海鲜炒菜各1小盘，肉末粥1小碗，花卷1个 |

## 孕5月营养套餐方案

| 餐次 | 套餐方案 |
| --- | --- |
| 早餐 | 鸡肉末粥1碗，豆包1个，煮鸡蛋1个 |
| 加餐 | 酸奶1杯，核桃仁适量 |
| 午餐 | 素菜1小盘，蔬菜烧牛肉1小盘，鱼头豆腐汤1小碗，米饭适量 |
| 加餐 | 牛奶1杯，腰果适量 |
| 晚餐 | 排骨炖菜1盘，素菜2小盘，面条1碗 |

## 孕6月营养套餐方案

| 餐次 | 套餐方案 |
| --- | --- |
| 早餐 | 牛奶1杯，面包适量，煎鸡蛋1个 |
| 加餐 | 酸奶1杯，柑橘适量 |
| 午餐 | 素菜1盘，红烧鱼1小盘，家常豆腐1小盘，米饭适量 |
| 加餐 | 豆浆1杯，核桃仁适量 |
| 晚餐 | 鱼汤1小碗，素菜2小盘，面条1碗 |

## 孕7月营养套餐方案

| 餐次 | 套餐方案 |
| --- | --- |
| 早餐 | 花生米粥1碗，肉馅包子1个，煮鸡蛋1个 |
| 加餐 | 牛奶1杯，腰果4颗 |
| 午餐 | 素菜1小盘，炖鱼1小碗，炒虾仁1小盘，米饭适量 |
| 加餐 | 橘汁1杯，苹果1个 |
| 晚餐 | 红烧鱼1小盘，素菜2小盘，紫菜肉末粥、馒头各适量 |

## 孕8月营养套餐方案

| 餐次 | 套餐方案 |
| --- | --- |
| 早餐 | 鸡丝粥1碗，煎鸡蛋1个，肉馅包子1个 |
| 加餐 | 牛奶1杯，饼干2片 |
| 午餐 | 炒鱼片1小盘，炝炒猪腰片1小盘，鸡蛋汤1碗，米饭适量 |
| 加餐 | 酸奶1杯，腰果适量 |
| 晚餐 | 清炖牛肉1小碗，蔬菜炒肉2小盘，鲤鱼粥1小碗，全麦面包适量 |

## 孕9月营养套餐方案

| 餐次 | 套餐方案 |
| --- | --- |
| 早餐 | 豆浆1碗，煮鸡蛋1个，面条1碗 |
| 加餐 | 牛奶1杯，干果适量 |
| 午餐 | 炒鱼片1小盘，香菜牛肉末1小盘，海带排骨汤1小碗，米饭适量 |
| 加餐 | 酸奶1杯，含钙饼干适量 |
| 晚餐 | 肉炒百合1小盘，红烧海参1小盘，口蘑鸡片1小盘，大枣大米粥1小碗 |

## 孕10月营养套餐方案

| 餐次 | 套餐方案 |
| --- | --- |
| 早餐 | 豆浆1碗，煮鸡蛋1个，面条1碗 |
| 加餐 | 牛奶1杯，饼干2片 |
| 午餐 | 清炒蔬菜1小盘，炒牛肉片1小盘，海带排骨汤1小碗，米饭适量 |
| 加餐 | 酸奶1杯，含钙饼干适量 |
| 晚餐 | 肉炒蔬菜1小盘，红烧龙虾1小盘，红烧鸡肉丁1小盘，黑米粥1小碗 |